认真按照制作步骤进行！

为爱烘焙！
蓝带风法式甜点教科书

〔日〕柳瀬久美子　著

如鱼得水　译

S t a n d a r d

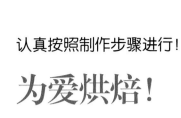

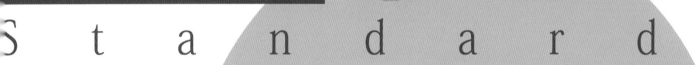

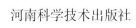

河南科学技术出版社

·郑州·

目录

第1章 制作甜点的基本知识

第2章 经典蛋糕

第3章 简易甜点

第4章 派、挞、泡芙和 巧克力甜点

第5章 日常茶点

使用本书前你需要知道的事情

● 材料中，1大匙=15mL，1小匙=5mL。

● 烤箱种类不同，性能各异，所以需要根据箱内情况灵活调整烘烤时间和温度。

● 本书所用的鸡蛋，如无特别说明，一律采用M号（参见第17页）。

● 扑粉（即撒干粉）所用的面粉是所需材料中规定分量之外的高筋面粉。使用之前在烤模上涂的黄油、撒的面粉以及泡涨明胶片所用的水，均在规定分量之外。

● 制作步骤中标记的时间是在理想条件下的标准时间，可根据食材状态及天气情况灵活调整。

● 醒发时间、冷却时间不计入所需时间。

● 难易程度用★表示。★=初级，★★=中级，★★★=高级。

制作甜点的基本知识

制作前的相关须知

下面主要介绍烘焙需要的工具和材料的温度、烤箱的使用方法等基础知识。掌握这些基础知识，是制作美味可口的甜点的第一步。

1 熟记制作方法

对工序了然于胸

不做任何准备便开始制作的话，不仅要花费大量时间和功夫，还极有可能遭遇失败。鸡蛋是否需要提前搅拌成鸡蛋液，黄油是否需要置于室温下回温，不同甜点的对待方法不同。所以，必须通读制作方法，对制作工序做到心中有数。注意确认制作所需要的空间和工具等。

Check point

- [ ] 材料的回温时间？
- [ ] 材料的醒发时间？
- [ ] 鸡蛋、黄油和粉类事先需要做哪些准备？
- [ ] 隔水加热时，开水是否要煮沸？
- [ ] 必需工具有哪些？
- [ ] 必要的操作空间？

2 备齐工具

将工具放在伸手可取的地方

提前准备好必需工具，这是万能不败法则。有的食材稍不留意就会烤坏，如果开始制作后再来寻找某些工具，很可能来不及。而且，还要确保所使用的工具是洁净的，不能有油渍、水渍等。

准备好必需工具，清洗干净后保持干燥

3 准备材料

将材料置于最佳状态

事先准备好制作方法中提到的所有材料。粉类通常需要事先过筛，有些材料使用前一直放在冰箱中冷藏，还有些材料要从冰箱中取出来置于室温下回温，所以务必按照制作方法确认清楚。

根据材料的种类和制作方法的不同，有时需要将材料置于室温下回温

4 称量材料

事先称量好材料，提高制作速度

　　称量规定数量的材料，这是甜点制作的基础。为了省事，不去仔细称量，仅凭借目测是很容易失败的。边做边称量的话，不仅影响效率，还会因为没有控制好时间而影响到食材的状态，从而导致失败。所以，务必事先仔细称量好。

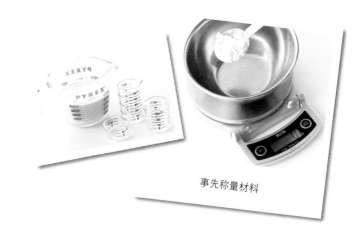

事先称量材料

5 准备烤盘和模具

决定烘焙能否成功

　　给模具或烤盘铺上烘焙用纸、涂黄油、撒干粉等都需要事先做好。食材做好之后立即放入烤箱烘烤是甜点制作的基本常识。务必事先准备好模具。

事关甜点的成品外观，务必小心对待

6 预热烤箱

确保能够立即烘烤食材

　　放入食材之前，将烤箱加热到一定的温度，叫作"预热"。烤箱的预热时间会因烤箱种类不同而略有不同，燃气烤箱一般需要5分钟，电烤箱需要10分钟。合理地预热烤箱，确保食材恰好可以放入。

预热烤箱

制作甜点需要的工具

下面介绍的是制作甜点之前需要准备的工具。

并非所有的工具都是制作甜点必不可少，但根据具体的甜点使用合适的工具，可以帮助我们成功烘焙。所以，尽量备齐。

搅拌盆

必备工具。混合材料、隔水加热以及冷却等各种工序都会用到。

● 选择要点

推荐使用能够快速导热的不锈钢搅拌盆。准备大、中、小等各种不同尺寸。直径分别是24cm、21cm、18cm、15cm。尽可能准备2个直径24cm左右的搅拌盆。最好再准备1个耐热玻璃搅拌盆。

粉筛、滤网

本书所用的是手柄式万用滤网，主要用于将粉类或砂糖过筛，或是过滤液体材料。有杯状单手过滤的滤网和电动式滤网。

● 选择要点

尽量选择网眼细密、结实的万用滤网。将块状物研磨成泥状时，需要施加力道，所以选择1个结实的滤网非常重要。

打蛋器

将材料均匀混合或打发起泡时使用。金属丝数量较多的软丝材质适合用于打发起泡，金属丝数量较少的硬丝材质适合用于混合材料。

● 选择要点

选择手柄和金属丝较为结实的打蛋器。可能的话，再准备1个专门混合少量液体和粉类的小型打蛋器。

木刮刀、橡皮刮刀

用于混合或揉材料。木刮刀既可以在加热时使用，也可以在过滤时使用。橡皮刮刀还可用于将搅拌盆或锅中的材料完美地归拢到一起。

● 选择要点

尽量选用可以在加热时使用的高耐热性橡皮刮刀。边角呈圆弧状的木刮刀可以很好地和搅拌盆或锅壁吻合，便于将材料均匀地混合在一起。

电动打蛋器

打发蛋液或奶油时的法宝。可以使材料快速起泡，非常方便制作蛋白霜。有时也会打发过度，打发到一定程度时要减速察看一下。

● 选择要点

选择可以调节速度的电动打蛋器。宽幅的起泡更快。

锅

制作面糊、沙司、糖浆或者隔水加热时使用，是必不可少的工具。

● 选择要点

推荐使用不锈钢或搪瓷制的单手柄锅。和搅拌盆一样，隔水加热时使用小号的较为方便。加热奶油、沙司以及其他少量材料时，使用小号的也非常方便。

毛刷

用于给模具涂上黄油或者给材料抹上糖浆、蛋黄液等。使用后用温水洗净，晾干。

●选择要点
除了软锦纶制品之外，还有软山羊毛制品以及专门涂抹黏性材料的硅制品。选择结实、不易掉毛的毛刷。

温度计

制作压模巧克力等对温度有严格要求的甜点时不可或缺的工具。

●选择要点
有玻璃棒温度计和电子温度计，还有设定温度会及时报警的闹钟式温度计。最高温度超过200℃的温度计还可用于油炸材料，推荐使用。

刮板

用于切割、混合、抹平面糊以及黄油，或者刮净搅拌盆中的材料等。根据用途，边缘分为直线部分和圆弧部分。锯齿状边缘的三角刮板还可用于给材料加上花样。

●选择要点
选择容易发力、圆弧部分和搅拌盆吻合的刮板。

茶筛

将装饰用的糖粉、可可粉等筛在蛋糕成品上或将少量粉类过筛时使用。

●选择要点
选择筛网细密的茶筛。

浅盘

用于盛放或冷却材料。也经常用于隔水加热。盛放油炸材料时，放上丝网。

●选择要点
推荐使用易于导热的不锈钢制或铝制浅盘。23cm×30cm、20cm×25cm的浅盘各准备1个，便于使用。

长柄勺

舀液体用的工具。有圆形、单侧尖形、单侧注水口形、双侧注水口形等各种形状和尺寸。

●选择要点
带注水口的勺子，便于将材料注入模具。

擀面杖

擀薄材料时使用。使用后，用湿抹布擦拭干净，然后保持干燥。

●选择要点
市面上有不少塑料制擀面杖，推荐使用不易粘上材料的木制擀面杖。略宽于肩部的擀面杖，使用起来更加舒适。

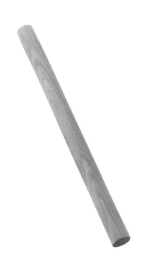

烘焙用纸

覆在模具和烤盘上的烘焙用纸，是制作甜点时的重要工具。下图所示的是特殊材料做成的可以反复洗涤使用的烘焙用纸，对于经常烘焙的人来说，这是很方便的。用于晾干、过滤水分时，可以附带准备纸巾。

●选择要点
购买时，确认耐热温度和耐热时间。

形形色色的模具

较大的模 适合制作切开食用的甜点。

圆形模
烘焙海绵蛋糕时使用。底部可拆卸式更为方便。制作布丁等冷甜点时,选用底部不可拆卸的烤模。

戚风模
正中间有一个圆筒。推荐使用导热性能优良的铝制模。

磅蛋糕模
制作磅蛋糕时必不可少的模具。各种尺寸皆有,根据材料的多少选用合适的尺寸。

挞盘
边缘较浅,稍微向外张开。底部可拆卸式更为方便。

较小的模 适合制作马德莲、果冻等个头较小的甜点。

深盘
和挞盘类似,边缘略深,向外张开。边缘有波浪形、椭圆形等。

马德莲模、费南雪模
甜点具有自己的独特形状,相应地有专用烤模。

布丁模、冻类模
倒入液体材料,凝固。有的模具还可以给材料加上花样。

压模 适合制作曲奇之类的甜点。

慕斯模
作为压模使用,或者放在烤盘上将材料倒入模具。

曲奇模
形状和大小多样,根据喜好选择。注意,模具上窄道过多时,不易取下材料。

纸制烤模
制作马芬蛋糕或蒸蛋糕时,将材料倒入纸制烤模进行烘焙。烤模自身就是盛装甜点的容器,所以外观设计非常重要。

派、挞专用工具

粗麻布

用于放置材料、揉材料等。还可以覆盖在材料表面，用于保湿。

压派石

烘焙派类、挞类甜点时，放在材料上面。

派刀

切割派皮时使用。

烘焙后用的工具

冷却架

放上烘焙完成的甜点，供其散热。

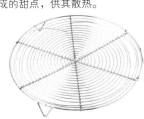

抹刀

涂抹奶油或抹平材料时使用。

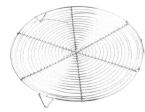

蛋糕切刀

用于将整个蛋糕切成块，刀刃较长。

裱花袋、裱花嘴

不仅用于裱花装饰，还可以将奶油挤到甜点里面，或者给小型模具加入材料等。

转台

用于给蛋糕坯涂抹奶油。不用转动身体，便可以将奶油完美地涂在蛋糕坯上。

有了这些工具会更加方便

切薄片辅助器

用木头或金属制成。将海绵蛋糕水平放置横向切成薄片时，非常方便。可以在相关专卖店中买到，也可以买一根棒子，做成自己喜欢的长度和宽度。

食品粉碎搅拌机

用于粉碎材料。不管是粗粗地切末还是切成泥状，无所不能。

大号蛋糕叉

将曲奇等甜点从烤箱中取出时，或者是将切好的蛋糕放到盘子里时，在移动的过程中用大号蛋糕叉盛着的话，非常方便。

冰激凌机

制作冰激凌的机器。市场上有各种型号的冰激凌机，包括全自动的。

料理用燃烧器

制作法式焦糖布丁（烤布雷）时，可将表面的焦糖烤出颜色。还可用于取下冷却凝固的蛋糕烤模。

认识甜点制作的基本材料

面粉、砂糖、鸡蛋、奶油、黄油等，是甜点制作的基本材料。下面介绍这些材料的特征以及选择方法。

粉类

加入面粉，改变口感

制作甜点所使用的粉类一般是由小麦研磨而成的面粉。根据蛋白质的含量，面粉可以分为高筋面粉、中筋面粉和低筋面粉。制作甜点所使用的一般是低筋面粉。低筋面粉的面筋蛋白含量较低，面粉筋性较低，烘烤起来较为方便。高筋面粉筋性较高，一般用于制作派类。本书中，除了面粉之外，还会介绍使用米粉制作的甜点。

制作甜点经常使用低筋面粉

黄油

可以做出不同的风味和口感

黄油由牛奶加工而成，分有盐黄油和无盐黄油。制作甜点多使用无盐黄油。本书使用无盐黄油。除了增添甜点的风味，黄油还可以使材料膨松，或是做出曲奇般酥脆的口感。像制作派类一样将材料做成多层时，通过调节黄油的用法、用量，可以做出不同的风味。一句话，黄油决定甜点的风味。

不同风味与口感的幕后主角是黄油

鲜奶油

确认脂肪含量后再购买

奶油是用从新鲜牛奶中分离出来的脂肪制成的。只有脂肪含量在18%以上的才可称作鲜奶油。脂肪含量不同，用途也不同，所以购买时一定要看清包装，确认脂肪含量。制作甜点一般使用脂肪含量在35%以上的奶油。装饰用的打发鲜奶油一般要求脂肪含量在40%以上。

制作和装饰甜点时不可缺少鲜奶油

鸡蛋

带来松软的口感

　　鸡蛋最大的作用是将空气混入面团。打发的鸡蛋含有丰富的气泡，给甜点带来松软的口感。蛋黄和蛋白的作用不同，蛋黄一般用于增添成品的色泽与风味。制作蛋白霜时，只使用蛋白。常温放置的鸡蛋比较容易打发，但会降低面糊的筋性。使用冷藏放置的鸡蛋，面糊的纹理会变得细腻密实。仔细阅读制作方法，选择合适的放置方法。

放置温度不同，使用效果也不同，注意看清步骤要求

砂糖

除增加甜味外，还有好多用途

　　甜点的甜味之源是砂糖。砂糖还可用于润湿材料或者帮助打发蛋白霜，乃至增加甜点的光泽等。绵白糖颗粒细腻，细砂糖精致度高、甜味清爽。糖粉、三温糖、红糖等常用于装饰成品。

常用砂糖。从右上角开始顺时针方向分别是糖粉、细砂糖、绵白糖、红糖

奶油起司

增添甜点的风味

　　奶油起司由鲜奶油和牛奶混合加工而成，是起司蛋糕的主角。还用于其他甜点，增加起司的独特风味或者酸味。一般来讲，使用前需要置于室温下回温。

牛奶

选用新鲜的牛奶

　　用来制作卡士达奶油、布丁、奶油泡芙等。牛奶虽不如鲜奶油的使用频率高，却也是制作甜点不可缺少的材料。牛奶主要有100%纯牛奶、风味乳和低脂牛奶三类。无论使用何种牛奶，请确保新鲜。

制作卡士达奶油的必备品

置于室温下回温备用

称量必备工具和使用方法

想要做出美味可口的甜点，第一步便是正确称量或量取所需材料。

如果称量方法不正确，就会存在失败隐患。

下面给大家介绍称量工具的种类以及使用方法。

秤

电子秤最小可以称量到1g，而且一目了然，非常方便。准备一个能够称量2~3kg材料的电子秤。

●使用方法

水平放置，称量之前，将刻度调为零。可以直接放上材料进行称量，也可以垫上保鲜膜或纸进行称量。放在容器中进行称量时，要先放上容器将刻度调为零，然后再放上材料。

量杯

量杯的材质和尺寸多种多样，推荐使用耐热玻璃制的透明量杯。

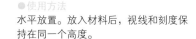

●使用方法

水平放置。放入材料后，视线和刻度保持在同一个高度。

正确称量是甜点制作的基础

在日常饮食中，凭借目测加入调味料一般不会导致特别严重的错误。但是，制作甜点是个例外。每种材料都有各自独特的用途，加入不同的分量会产生不同的口感，或是松软，或是酥脆。

因此，制作甜点的第一步便是正确地称量。目测以及其他不正确的称量方法都会改变材料之间的搭配比例，不仅会改变甜点的味道和口感，还有可能造成面团不够膨松，或者是面团看起来干巴巴的。这些都有可能导致甜点制作失败。

称量一般会用到三种工具。制作方法中以"g"为单位的材料用秤称量，以"mL"为单位的材料用量杯量取。"大匙""小匙"用相应的量匙量取。准备一个量取少量液体用的小号量杯会非常方便。

量匙

大匙和小匙组成一套。称量微量材料时，会用到½小匙。

称量液体	称量粉类

● 使用方法
1大匙=15mL，1小匙=5mL。注入液体，直至量匙边缘。注意手不要抖，否则无法准确称量。使用小号量杯更加方便。

● 使用方法
取1匙粉类，沿量匙边缘刮平。

用量匙柄刮掉多出的粉类。市场售有专门的刮板。

1大匙

务必刮平。

液体注至量匙边缘。

½大匙

用量匙柄从1大匙中刮出一半。

小号量杯更加方便。

重量换算表
（单位：g）

材　料	1小匙	1大匙	1杯
高筋面粉	3	9	110
低筋面粉	3	9	110
绵白糖	3	9	130
细砂糖	4	12	180
牛奶	5	15	210
鲜奶油	5	15	200
色拉油	4	12	180
黄油	4	12	180
泡打粉	4	12	150
食盐	6	18	240
蜂蜜	7	21	280
可可粉	2	6	90

※1小匙=5mL、1大匙=15mL、1杯=200mL

鸡蛋的重量

鸡蛋尺寸不一。本书使用M号鸡蛋，按个数计量。但是，部分制作方法按照重量计量，所以有必要弄清不同尺寸鸡蛋的大致重量。

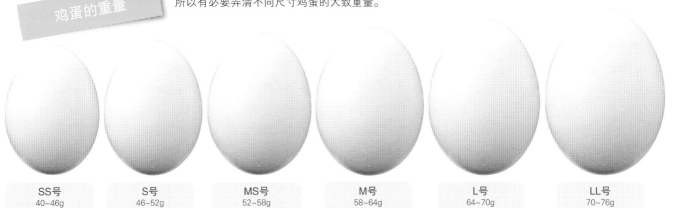

SS号	S号	MS号	M号	L号	LL号
40~46g	46~52g	52~58g	58~64g	64~70g	70~76g

※ 图片非实物大小。

教你烤箱的使用方法

食材做好之后，该放入烤箱了。了解烤箱的结构以及使用方法，可以更好地烘焙。知道自己的烤箱的特性也很重要。

了解烤箱的结构和种类

产生不同的风味和口感

烤箱可分为燃气烤箱和电烤箱两类。通过循环加热，将食材烤熟，这是二者的相同之处。燃气烤箱火力较强，温度上升较快，能够快速烤出芳香扑鼻的食物。电烤箱通过加热器缓慢升温，设定的烘烤温度一般比燃气烤箱略高。

掌握烤箱的使用方法

正式烘烤之前需要预热

使用烤箱时，一定要按照规定温度预热。这是为了使烤箱内部温度均匀。

不要随意打开烤箱门

打开烤箱门会影响烘烤温度。所以，烘烤过程中尽量不要打开烤箱门。想确认烘烤情形时，透过烤箱窗口看一下。

知道自己的烤箱的性能

根据箱内情况灵活调节

不同种类烤箱的具体烘烤情况不同，所以灵活调整温度和时间是很重要的。按照制作方法中的时间没有完成烘烤时，需要将温度调高10~20℃或者多烘烤几分钟等。调节时间和温度时，做好笔记，不仅可以为下次烘烤提供参考，还可以帮助自己熟悉烤箱的性能。

熟练使用烤箱的 4 条秘诀

1 勤看烤箱内情况，适时调整温度和时间。

2 尽量减少开关烤箱门的次数。

3 了解自己的烤箱的性能，"对症下药"。

4 为方便下次烘焙，做好笔记。

这时我们该怎么办?
解决烘焙中遇到的问题!

表面烤煳了!

表面烤煳了是因为火太大,盖上锡纸即可。如果甜点粘在烤盘上,这是底火太强的缘故,放两个烤盘即可。

盖上锡纸

表面已经上色却没烤熟!

继续按原温度烘烤3分钟即可。另外,按照制作方法烘烤,却没有上色,这时只需将温度调高10~20℃,或者将烘烤时间延长3分钟。

烘烤时间延长3分钟

烤出煳斑了!

需要调节烘烤时间和温度时,中途将烤盘的方向颠倒180°。而且,一定要在烘烤时间过去一半之后再调整烤盘的方向。迅速开关箱门,以尽量减少箱内温度的变化。

颠倒烤盘方向

Check! 识别烘焙结果

1 用竹签测试

想确认甜点里面是否烤熟,刺入竹签即可。竹签顶端什么都没有沾上,说明烤熟了。否则,就说明没有烤熟。

将竹签刺入甜点

2 用手摸摸看

轻触甜点表面,如果有弹性,说明烤熟了。凹下去的话就是没烤熟。

了解基本的烘焙步骤与要领

下面介绍烘焙过程中的基本步骤。每一个步骤中，蕴含着甜点制作的要领。多次尝试，努力成为烘焙达人。

准备时的步骤

粉类过筛

粉类一般是过筛后使用的。过筛时，可以在下面放一个搅拌盆或搁一张纸，也可以直接将粉类筛入盆中使用。还可以将不同的粉类一起过筛。

泡涨明胶

明胶根据用途分为片状和粉状两种。它们的泡涨方法不同，务必注意。

明胶粉	明胶片
直接放入水量适中的搅拌盆中，均匀混合。水温过高明胶粉会结块，所以要使用冷水。	将明胶片放在水量充足的搅拌盆中浸泡至软化。加到材料中的时候，要除去明胶片里面的水分。所以，可以将明胶片放入滤网中浸泡。

除去水分后，加入材料中

制作甜点时的步骤

混合
虽然都叫作混合，却有各式各样的混合方法，它们的作用各不相同。

研磨混合

搅拌混合

分次加入材料混合

像砂糖和黄油一样，混合粉类、油脂类或者液体时，使用打蛋器沿着搅拌盆搅拌研磨。

并非像研磨混合那样一圈圈搅拌，而是在混合过程中加入空气。要点是不断将搅拌盆底部的材料翻到上面。加入蛋白霜进行混合时，使用橡皮刮刀。

粉类中一次性加入过多水分时，会很容易散开。所以，在粉类中加入蛋液时，一定要分几次加入。每次加入都要均匀混合。

打发
打发奶油和鸡蛋时产生的气泡，会使甜点变得松软可口。打发不足，面糊没有很好地膨胀起来，烘焙出来的甜点比较坚硬。

搅打蛋白霜时，将打蛋器左右移动切开蛋白，混入空气打发起泡。

根据用途，将工具分开使用

通过搅拌，混合固态材料
不想破坏蛋白霜等的气泡，或者是混合黄油、奶油起司等固态材料时，使用橡皮刮刀。

混合固态材料时，使用橡皮刮刀将其压向搅拌盆进行混合。材料变软后，换成打蛋器。

通过打发，快速混合材料
可使用打蛋器或者电动打蛋器。用来混合蛋白霜等起泡材料时，可以避免破坏气泡。不适用于固态材料和黏性较大的材料。

将柔软的材料均匀混合，首选打蛋器。

快速打发时，推荐使用电动打蛋器。为避免打发过度，在打发到一定程度时降低速度，一边留意盆内情况一边打发。

制作甜点时的动作

和面

制作面包圈和派类甜点时，需要和面。用掌心根部按住面糊，通过身体重量施力。如果面糊粘到手上，撒一些面粉即可。

醒发

为了稳定面团中的面筋蛋白以及便于加入黄油，稍微冷却一段时间。这个过程叫作"醒发"。为避免出现空隙，包上一层保鲜膜，放入冷藏室或冷冻室15~60分钟。

擀压

将面团擀成平整的面皮。前后移动擀面杖，将面团擀得又薄又平。

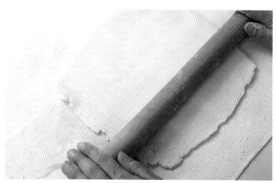

面团刚从冷藏室取出时比较坚硬，所以在上、中、下三个地方用力擀压，将面皮擀至1cm左右的厚度。

压模

压出喜欢的形状和便于食用的大小。将压模放在面皮上，均匀用力压出形状。如果面皮粘到模具上，则连同模具一起放入浅盘，移至冷藏室冷藏片刻，即可轻松取下面皮。

 扑面

为避免面团粘到手上、工具上以及烤盘上，我们通常会撒一些干面粉，这就是"扑面"。扑面一般使用高筋面粉，没有的话可以用低筋面粉代替。需要注意的是，扑面不要过多，否则烘焙出的甜点上将会出现粉状颗粒。

隔水加热

将盛有材料的盆放在水中，慢慢熔化材料。需要熔化的材料不同，水温也不同，所以要看清制作方法。

巧克力隔水加热时，水温一般控制在50℃左右。

放在冷水中

为防止余热继续对材料加热，将材料放到冷水中冷却降温。

温度升高，鲜奶油口感变差。所以，隔着冷水打发起泡。

过滤

制作液态材料或奶油时，需要过滤。通过过滤除去面疙瘩和其他异物后，材料变得细腻起来。香草荚和水果等，用橡皮刮刀按压过滤。

磨泥

将栗子和甘薯等磨成泥状。不仅仅是捣烂食材，也使食材外观变得细腻、容易和其他材料混合，更重要的是提升了食材的口感。

烘焙后的步骤

冷却

虽然有的甜点是烘焙之后立即食用，但大部分甜点都要先放在冷却架上散热。

为避免戚风蛋糕凹陷，倒置冷却

黄油的各种用法

不同用途的黄油有不同的使用方法，一定要按照制作方法使黄油处于最佳状态

用途不同，黄油的使用方法也不同，需要注意。用于派类甜点时，可以冷藏后直接使用。制作奶油状甜点时，黄油要常温放置一段时间，待其变软后使用。有时也会隔水加热或使用微波炉使其熔化，或者将其熬制成焦黄油。

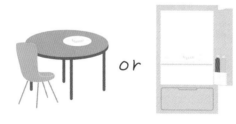

奶油状黄油

将回温的黄油和砂糖混合，搅拌成柔软的奶油状。

块状黄油

包在派类和烤饼、千层糕等的面皮里面时，使用冷却过的块状黄油。

液态黄油

甜点种类不同，熔化黄油时所需要的温度也不同，需要注意。

焦黄油

黄油开始散发香味并着色时，立即将其放到冷水中降温。

核对室温很重要

制作甜点时，还要注意室内温度。室温过高时，打发的鲜奶油容易变质，黄油和巧克力也容易熔化。尽量将室温控制在20℃以下。

脱模

切分

切分蛋糕时，先给切刀加热，然后再切。蛋糕的外观非常重要，所以务必掌握切割技巧。

1 给切刀加热

将切刀放入热水中，温热。

2 擦干水渍

为避免水渍沾到蛋糕上，务必仔细擦拭。

3 切蛋糕

一边用切刀的温度熔化奶油，一边使切刀没入蛋糕。

4 取出蛋糕块

将切刀放在蛋糕块下面，另一只手在一边协助着，将蛋糕块移到相应的盘子里。如果有大号蛋糕叉，会非常方便。

将蛋糕从模具中取出

1 将模具放在玻璃杯上

准备一个玻璃杯，将蛋糕连同模具一起放在上面。

2 脱模

双手扶着模具外围，轻轻向下移动模具，蛋糕停留在玻璃杯上。

将牛奶杏仁冻等从模具中取出

1 加热

将果冻连同模具一起放入人体可接触温度（50~60℃）的热水中，稍微温一会儿，使果冻与模具接触部分略微熔化。

2 模具和甜点之间做出空隙

轻轻按压果冻表面，使空气进入果冻与模具之间。

3 从模具中取出

一只手拿着模具，将果冻倒在另一只手上。

掌握奶油的基本制作方法

下面介绍制作甜点时经常会用到的奶油的制作方法。了解所需的基本材料和基本顺序，可以提高制作效率，从而可以进一步挑战复杂的甜点。

打发鲜奶油

Whipped Cream

材料

鲜奶油	400mL
绵白糖	40g
喜欢的利口酒	2小匙

1 准备规定分量的绵白糖和鲜奶油。

2 将搅拌盆放在冰水上，不断搅拌打发，直至奶油变得非常膨松。

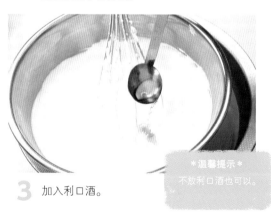

3 加入利口酒。

温馨提示
不放利口酒也可以。

奶油的硬度

6分发

带有黏稠感，流淌缓慢。

7分发

流下来的奶油，慢慢地和其他奶油融合在一起。

8分发

流下来的奶油呈现出棱角。

9分发

搅拌盆中的奶油上有很明显的打蛋器的痕迹。

奶油干巴巴！

你问我答
Q&A

搅拌过度或者室温过高，都会导致奶油散开，看起来干巴巴的。变软到一定程度之后，将电动打蛋器换成打蛋器继续搅拌，调节硬度。

26

卡士达奶油

●材料

低筋面粉·········20g	香草荚··········1根
玉米淀粉·········10g	无盐黄油········25g
绵白糖···········40g	朗姆酒·········1大匙
蛋黄·····3个鸡蛋的量	
牛奶········250mL	

1 将低筋面粉、玉米淀粉和绵白糖放入搅拌盆，用打蛋器均匀混合。

> *温馨提示*
> 粉类可以不过筛。

2 加入2~3大匙牛奶，均匀混合后加入蛋黄。

> *温馨提示*
> 加入牛奶，搅拌至粉状物消失呈糊状即可。

3 均匀混合后，过滤。

4 将剩余的牛奶和刮出种子的香草荚放入锅中，加热至沸腾前一刻。

5 将步骤4的材料倒一半到步骤3的搅拌盆中，快速混合。
● 准备
黄油置于室温下回温备用。

6 将步骤5的材料倒入锅中，中火加热，同时不停地用打蛋器搅拌，直至出现黏稠感。

> *温馨提示*
> 注意，使用中火加热。

7 材料变成了细腻的奶油状。煮出泡泡的时候，再次搅拌混合。5次出现泡泡，离火。

8 加入回温的黄油，用锅里的余热将其熔化并搅拌混合。移至浅盘，表面覆上一层保鲜膜，放入冷藏室冷却，消除余热。

9 使用前从冷藏室取出，放入搅拌盆，加入朗姆酒搅拌混合。

> *温馨提示*
> 呈胶状即可。搅拌至细腻、光滑的状态。

你问我答

Q&A

奶油煳了！

想要做出有黏性的奶油，关键是快速用中火加热。只是，开始凝固时很容易煳，需要注意。为使受热均匀，务必不断搅拌。

奶油霜

材料

鸡蛋	2个
绵白糖	120 g
无盐黄油	230 g

1 将黄油置于室温下回温备用。

2 将鸡蛋和绵白糖放入搅拌盆，用打蛋器搅拌，均匀混合。

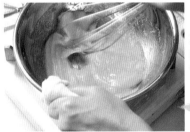

3 将步骤2的材料放在热水中隔水加热，再直接加热，一边不断搅拌混合，一边使温度停留在50~55℃。

＊温馨提示＊
为避免鸡蛋结块，务必拌匀。

4 离火，用电动打蛋器除去搅拌盆的热量，并将材料搅打至松软状态。

5 分5~6次加入黄油。

6 每次均用电动打蛋器将黄油和材料均匀混合。

7 材料中途似乎变散了，不必在意，加入剩下的黄油搅拌混合即可。

8 黄油全部加入后，用电动打蛋器搅拌混合，直至变成细腻的奶油状。

你问我答
Q&A

奶油霜黏糊糊的！

使用奶油霜时，如果变硬的话，用热水或火使其熔化。

但是，如果熔化过度的话，奶油霜就会变得黏糊糊的。

所以，搅拌盆遇热后马上离火，一点点加热。

杏仁奶油 *Almond Cream*

1 将回温的黄油和绵白糖加入搅拌盆，搅拌混合至呈奶油状。

2 将鸡蛋液分两次加入搅拌盆，每次都要均匀混合。

温馨提示
材料似乎变散了，不必在意，继续搅拌混合。

3 将杏仁粉和低筋面粉一起筛入搅拌盆。

4 搅拌混合至粉状物消失，然后加入朗姆酒均匀混合。

你问我答
Q&A

蛋白霜打发不了！
多余的水渍和油渍会妨碍空气进入蛋白霜，从而造成打发困难。所以，务必使用干燥、洁净的搅拌盆。

蛋白霜 *Meringue*

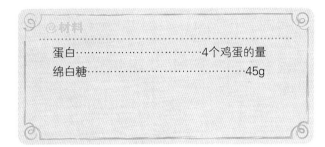

1 确保搅拌盆中没有水渍，仔细擦拭。

2 放入蛋白和部分绵白糖。

温馨提示
在打发蛋白霜的过程中，一点点加入绵白糖。

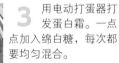

3 用电动打蛋器打发蛋白霜。一点点加入绵白糖，每次都要均匀混合。

4 搅打至蛋白霜变得松软、稍微出现边角。

5 放置一段时间会散开。使用前再次打发。

甜点装饰技巧

美丽的外观是甜点迷人的魅力之一。让我们掌握抹面和裱花的基本技巧。装饰甜点的方法多种多样，首先，

裱花袋的使用方法

1 放入裱花嘴

将裱花嘴放入裱花袋，露出裱花嘴。

2 固定裱花嘴

从外侧按压裱花嘴。为避免装入的材料外泄，务必将裱花嘴固定妥当，用手拧裱花嘴旁边的裱花袋。

3 装入奶油

翻出裱花袋口，拿着裱花袋，注意不要握紧，将奶油装入裱花袋。装入过多的话，会溢出，所以只需装6~7成即可。

工具

裱花袋和裱花嘴

4 排出空气

一只手拿着裱花袋口，另一只手夹住裱花袋向下捋，从而排出空气。

5 裱花袋拿法

右手拧住裱花袋口，左手扶住裱花袋底端。

6 裱花

右手缓慢地将材料挤出，左手扶着裱花袋底端。裱花结束后，只用右手拇指和食指拿着裱花袋，其他的手指全部松开。

只需 2 种常见的裱花嘴，就可以搞定各种各样的装饰图案。

圆形裱花嘴

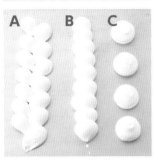

A B C

A 挤出奶油时，一边稍微向斜下方倾斜，一边用左手移走裱花嘴。

B 一边挤奶油，一边上下移动双手，从远到近一个一个地挤。

C 挤奶油时环形绕一圈，用左手移走裱花嘴。

星形裱花嘴

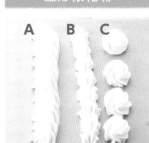

A B C

A 一边呈螺旋状移动裱花嘴，一边不断挤出奶油，从远处向近处挤。

B 一边挤奶油，一边上下移动双手，从远处向近处挤。

C 挤奶油时环形绕一圈，用左手移走裱花嘴。

基础抹面

给蛋糕坯涂上一层奶油，这个过程叫作"抹面"。使用抹刀，给蛋糕坯涂上一层光滑的奶油。

1 将蛋糕坯放在转台上，在上面铺一层奶油，厚度要均匀。

> *温馨提示*
> 端平抹刀，旋转转台，以此抹平奶油表面。

2 抹刀竖直贴在蛋糕坯侧面，旋转转台，溢出的奶油也要抹平。

> *温馨提示*
> 刮掉多余的奶油，放回搅拌盆。

3 蛋糕坯表面被奶油覆盖。

4 将表面抹平，移到水平器具上，放入冷藏室冷却15分钟以上。

> *温馨提示*
> 这一层奶油是底料，所以不要求抹得完美无缺。

5 再次将蛋糕放到转台上。将剩余的奶油搅打至易于涂抹的硬度，光滑平整地抹在蛋糕上。

> *温馨提示*
> 建议初学者将奶油搅打至7分发的硬度。

6 抹刀竖直贴在侧面，旋转转台，抹平蛋糕侧面。

7 刮掉多余的奶油，和步骤4一样将表面抹平，再次放入冷藏室冷却15~30分钟。

自制圆锥形裱花袋

圆锥形裱花袋用于制作曲奇的糖霜以及压模巧克力等需要将奶油之类的材料挤得很细致的小块甜点。下面教大家用石蜡纸制作圆锥形裱花袋的方法。

1 将纸剪成正方形，沿对角线剪开，成为两个等腰直角三角形。

2 左手拿着直角三角形的斜边，拇指压在正中间位置。

3 拇指保持不动，上方的锐角向下折出弧度，和直角对齐。

4 右手拿着对齐后的锐角和直角，下方的锐角向上折出弧度。

5 下方的锐角和直角对齐。

6 将直角部分全部折向裱花袋内侧。

7 自制圆锥形裱花袋完成。

8 一只手轻握裱花袋，另一只手向里面加入材料。

＊温馨提示＊
装入材料过多会溢出，请务必注意。

9 挤之前在裱花袋底部剪一个小孔。

糖霜的制作方法

描绘细线
↓
硬糖霜

流下来的糖霜不会和其他糖霜融合。

渐渐融合
↓
软糖霜

流下来的糖霜渐渐和其他糖霜融合。

不用电动打蛋器时……

糖霜量较少的时候，可以用打蛋器或橡皮刮刀。为了和空气混合，用力搅拌吧。

1 糖粉事先过筛。
●准备
使用粉末状食用色素时，取一挖耳勺的量，并加入相同分量的水将其溶化。

2 将蛋白放入另一个搅拌盆，用电动打蛋器搅拌混合，同时加入糖粉，一次加入1大匙。

＊温馨提示＊
糖粉和蛋白融合后，再次加入糖粉。

3 变为白色奶油状时，加入柠檬汁。

4 加入糖粉至个人喜欢的硬度。过硬的话，再加入少量蛋白调节一下。

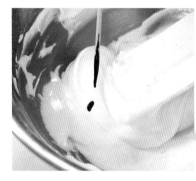

5 糖霜做好后，将区分颜色的部分另放入一个小容器中，用喜欢的食用色素上色。

＊温馨提示＊
用竹签蘸取少量食用色素，一边看着颜色一边搅拌混合。

6 每次加入都要均匀混合，仔细确认颜色。

＊温馨提示＊
变干后，颜色会变浅，所以上色时以略浓于目标颜色为宜。

7 表面覆上一层保鲜膜，保存水分。

甜点制作的小帮手

坚果、洋酒、装饰材料等，可以增添甜点的风味或美化其外观。

坚果类	洋酒

杏仁块

将杏仁切成碎块。或是用作装饰，或是混在材料中增强口感。

大马尼埃酒

橙味库拉索酒。适用于使用柑橘类材料的甜点。

杏仁片

将杏仁切成薄片。宛如雅致的花瓣，用作装饰。

朗姆酒

以甘蔗为原料酿成的一种蒸馏酒。和栗子或巧克力搭配，效果非常出众。

核桃仁

营养价值高，口感香脆。

樱桃白兰地

以樱桃为原料制成的白兰地。制作蛋糕时经常用到。

开心果

去掉果壳，里面是鲜绿的果实。可用作装饰。

白兰地

以葡萄为原料制成的蒸馏酒。适用于烤制甜点或巧克力。

装饰材料

彩色糖粒

将砂糖和淀粉混合在一起，团成粒状。尺寸和色彩多种多样。

其他装饰材料

以砂糖和米粉为原料，可以制成各种尺寸、形状的装饰材料。

第2章

经典蛋糕

愈是简单，愈要用心制作

草莓裱花蛋糕
Shortcake

所需时间	难易程度
100分钟	★ ★ ★

※不含冷却时间

材料（1个直径15cm的圆形模所需的用量）

海绵蛋糕

鸡蛋·······2个	
绵白糖·······55g	
低筋面粉·······60g	
无盐黄油·······20g	

糖浆（标准分量）

水·······100mL
细砂糖·······50g
大马尼埃酒·······适量
※可根据个人喜好选用利口酒

打发鲜奶油

鲜奶油·······400mL
绵白糖·······40g
大马尼埃酒·······2小匙
※可根据个人喜好选用利口酒

草莓·······10颗
草莓叶·······适量
※可用薄荷叶代替

工具

锅/搅拌盆/打蛋器/电动打蛋器/橡皮刮刀/粉筛/烤箱/烤盘/烘焙用纸/宽刃刀/砧板/毛刷/抹刀/蛋糕切刀/冷却架/转台/裱花袋/裱花嘴（直径13.5mm、星形）/铁棍（切薄片用）2根（厚约1.5cm）/竹签

烤模

直径15cm的圆形模

1 模具中铺上烘焙用纸。隔水加热或直接放入微波炉熔化黄油。
●准备
将烤箱预热至160℃。

> **＊温馨提示＊**
> 黄油温度以40~45℃为宜。

2 做面糊。将鸡蛋和绵白糖放入搅拌盆，用电动打蛋器快速打发。

> **＊温馨提示＊**
> 如果使用低温冷藏的鸡蛋，会不易打发，面糊会变得有筋道。

3 面糊呈带状，带有黏稠感，而且非常松软。打发至此种状态。

4 将电动打蛋器调成低速，搅拌1~2分钟。筛入低筋面粉，用橡皮刮刀搅拌混合至粉状物消失。

5 将步骤1中熔化的黄油倒在橡皮刮刀上，再将黄油散布到整个面糊表面。用橡皮刮刀接住黄油，可避免黄油沉到面糊底部，从而导致混合困难。用橡皮刮刀"唰唰"几下子拌匀，尽量减少搅拌次数。

6 将面糊倒入烤模，放入预热至160℃的烤箱烘烤25~30分钟。

7 烘烤完成后，从烤箱中取出并脱模，放在冷却架上除去余热。烘烤成功的标准是，刺入竹签，竹签上没有沾到面糊。

8 做糖浆。将细砂糖和水倒入小锅中，加热至沸腾，确保砂糖全部溶化之后离火，静置一段时间散去余热。

9 使用时取所需的用量，并加入大马尼埃酒。

温馨提示
大马尼埃酒用量以糖浆的¼为标准，根据个人喜好适当增减。

10 打发鲜奶油。将绵白糖和鲜奶油加入搅拌盆，用电动打蛋器或打蛋器均匀混合。放在冰水中搅打至6分发。

11 加入大马尼埃酒，均匀混合后放入冷藏室冷却。

温馨提示
使用时取所需的用量，搅拌至所需的硬度。

12 挑选几个形状好看的草莓用作顶部装饰，其余的根据大小切成2~4个圆片。

13 取出海绵蛋糕，将其切成3片1.5cm厚的薄片。

温馨提示
使用专用的铁棍，就可以切出均匀的厚度。

14 将海绵蛋糕最下面一层放在转台上，涂一层糖浆。

15 将步骤**11**中的奶油略高于一半的量移至新的搅拌盆中，隔着冰水搅打至8分发。

温馨提示
其余的奶油重新放回冷藏室。

16 给海绵蛋糕涂上适量奶油，用抹刀抹平。

17 避开蛋糕中心，放上草莓片并铺散均匀，然后加入少量鲜奶油盖住草莓片。

18 放上第2片海绵蛋糕，涂一层糖浆。

19 重复步骤16~18，再放上第3片海绵蛋糕，涂一层糖浆。

20 将搅拌盆中剩余的奶油倒在上面，用抹刀抹平。

> **＊温馨提示＊**
> 抹刀水平贴在蛋糕表面，旋转转台，抹平蛋糕表面的奶油。

21 抹刀竖直贴在侧面，旋转转台，抹平四周溢出的奶油。

22 蛋糕四周被抹平，但边缘不够平整。

23 蛋糕边缘抹平后移至水平器具上，放入冷藏室冷却15分钟以上。

> **＊温馨提示＊**
> 上述步骤为基础抹面，即使表面不太光滑平整也没有关系。

24 再次将蛋糕放在转台上。将剩余的奶油打发至容易涂抹的硬度，均匀地涂在蛋糕表面。

> **＊温馨提示＊**
> 建议初学者将奶油搅打至7分发。

25 抹刀竖直贴在侧面，旋转转台，将蛋糕侧面涂抹均匀。

26 一边刮掉多余的奶油，一边和步骤23一样将蛋糕表面抹平，再次放入冷藏室冷却15~30分钟。

> **＊温馨提示＊**
> 剩余的鲜奶油放回冷藏室。

27 将奶油搅打至8分发，装入裱花袋用来裱花装饰。最后放上草莓和草莓叶。

> **＊温馨提示＊**
> 每挤出3团，转动1次转台。注意挤奶油时保持固定的姿势和力度。

花式糕点

裱花装饰好难!
这款蛋糕的裱花只需用1个大汤匙
即可完成,
非常简单。
粗粗地涂抹看起来更加自然。

● 制作方法
步骤**26**完成之后,将六七分发的奶油放到大汤匙背面,涂抹到蛋糕表面和侧面,轻轻地涂抹,留下汤匙的痕迹。蛋糕表面的痕迹宛如一片片花瓣。最后在中心位置装饰一颗草莓,非常漂亮。

你问我答 Q&A

为什么海绵蛋糕膨不起来?

原因在于步骤**5**加入黄油时的混合搅拌程度。搅拌过度的话,海绵蛋糕无法很好地膨起来。用橡皮刮刀将黄油散布到整个面糊表面后,"唰唰"几下子拌匀,尽量减少搅拌次数。

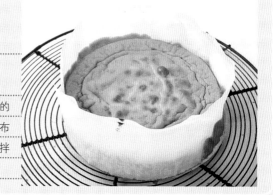

可可的微苦味和樱桃的酸甜口感交织成绝妙的乐章

黑森林蛋糕

所需时间	难易程度
100分钟	★★★

1 参考草莓裱花蛋糕的制作方法，制作可可海绵蛋糕。低筋面粉和可可粉一起称量，均匀混合，按照草莓裱花蛋糕步骤**4**的方法筛入搅拌盆。然后，采用同样的方法烘烤并除去余热。

2 做糖浆，打发鲜奶油。

3 将散去余热的海绵蛋糕切成2片厚2cm的薄片，涂一层糖浆。

4 涂奶油。避开中心，铺一圈除去水汽的酸樱桃（留7~8颗用作顶部装饰）。

5 再涂一层奶油并放上第2片海绵蛋糕，涂一层糖浆，再用奶油均匀抹面。装饰巧克力棒和酸樱桃，筛上可可粉。

🍃材料（1个直径15cm的圆形模所需的用量）

可可海绵蛋糕		打发鲜奶油	
鸡蛋	2个	鲜奶油	400mL
绵白糖	55g	绵白糖	40g
低筋面粉	50g	喜欢的利口酒	2小匙
可可粉	10g		
无盐黄油	20g	酸樱桃（罐装）	约½罐（15~16颗）
糖浆（标准分量）		甜巧克力棒	适量
水	100mL	可可粉	适量
细砂糖	50g		
樱桃白兰地	适量		
※可根据个人喜好选用利口酒			

🍃工具

锅/搅拌盆/打蛋器/电动打蛋器/橡皮刮刀/粉筛/茶筛/烤箱/烤盘/烘焙用纸/毛刷/抹刀/蛋糕切刀/冷却架/转台/铁棍（切薄片用）4根（厚约1cm，2根重叠在一起使用）/竹签

双色棋格蛋糕

Checkerboard Cake

所需时间	难易程度
130分钟	★★★

🍮材料（2个直径15cm的圆形模所需的用量）

柠檬风味的海绵蛋糕
鸡蛋⋯⋯⋯⋯⋯2个
绵白糖⋯⋯⋯⋯55g
柠檬皮屑⋯1个的量
低筋面粉⋯⋯⋯60g
无盐黄油⋯⋯⋯20g

草莓风味的海绵蛋糕
鸡蛋⋯⋯⋯⋯⋯2个
绵白糖⋯⋯⋯⋯55g

食用色素（红）⋯适量
低筋面粉⋯⋯⋯60g
草莓粉⋯⋯⋯⋯10g
无盐黄油⋯⋯⋯20g

糖浆（标准分量）
水⋯⋯⋯⋯⋯100mL
细砂糖⋯⋯⋯⋯50g
草莓利口酒⋯⋯适量
※可根据个人喜好选用

利口酒

奶油霜（标准分量）
鸡蛋⋯⋯⋯⋯⋯2个
绵白糖⋯⋯⋯⋯120g
无盐黄油⋯⋯⋯230g
覆盆子泥⋯⋯⋯30g
糖粉⋯⋯⋯⋯⋯3g

🍮工具

锅/搅拌盆/打蛋器/电动打蛋器/橡皮刮刀/粉筛/烤箱/烤盘/烘焙用纸/毛刷/抹刀/蛋糕切刀/冷却架/转台/三角刮板/铁棍（切薄片用）2根（厚约1.5cm）/慕斯蛋糕模（直径5cm、10cm）/竹签

🍮烤模

2个直径15cm的圆形模

1 制作柠檬风味的面糊。将鸡蛋和绵白糖打发起泡，加入柠檬皮屑，然后筛入低筋面粉，均匀混合。
● 准备
通过隔水加热的方式熔化黄油。

2 做草莓风味的面糊。将鸡蛋和绵白糖打发起泡，一边留意颜色一边加入食用色素。

> *温馨提示*
> 分次一点点加入色素，每次都要均匀混合，一边确认颜色一边加入。

3 筛入事先混合均匀的低筋面粉和草莓粉，搅拌均匀。

> *温馨提示*
> 草莓粉颗粒较大无法过筛时，直接和过筛的面粉混合。

4 2种面糊分别加入熔化的黄油，均匀混合后放入烤箱烘烤。糖浆事先做好（参照第38页）。奶油霜事先做好（参照第28页）。在覆盆子泥中加入一定量的糖粉，均匀混合。

5 奶油霜中加入步骤4中的覆盆子泥，用打蛋器搅打成光滑的奶油状。

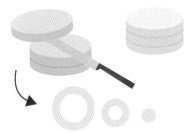

6 将2种海绵蛋糕做好，分别切成3片厚约1.5cm的薄片。用直径10cm、5cm的慕斯蛋糕模压出造型。柠檬和草莓风味的蛋糕分别变成2个大小不一的甜甜圈和1个圆形糕。

7 将步骤6中的糕点按照颜色交替排列。

8 移至转台，涂一层糖浆，然后将步骤5中的奶油霜搅打至容易涂抹的硬度，均匀涂在表面。

> *温馨提示*
> 奶油霜如果过硬，则隔热水搅打；奶油霜如果过软，则隔冰水搅打。

9 第2层的色彩组合和第1层相反。涂一层糖浆。

10 表面涂上奶油霜，然后放上第3层海绵蛋糕，颜色和第2层相反。涂一层糖浆。

11 表面和侧面都要涂上奶油霜（参照第39页）。三角刮板水平贴着蛋糕表面，旋转转台，做出花样。按照步骤7~11制作另一个蛋糕。

你问我答
Q & A

奶油霜散开了！

奶油霜冷却变硬后，可以通过隔水加热或直接加热的方式将其软化。但是，务必缓慢加热，否则奶油霜将会散开。

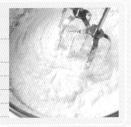

卷入新鲜可口的水果

水果蛋糕卷

Fruit Roll Cake

所需时间	难易程度
90分钟	★★

※不含冷却时间

材料（1个30cm × 30cm的烤盘所需的用量）

海绵蛋糕
蛋白·········3个鸡蛋的量
绵白糖············80g
蛋黄·········3个鸡蛋的量
低筋面粉···········45g
无盐黄油···········25g

糖浆（标准分量）
水···············100g
细砂糖·············50g
朗姆酒············适量

打发鲜奶油
鲜奶油··········200mL
绵白糖·············20g

卡士达奶油（标准分量）
低筋面粉···········20g
玉米淀粉···········10g
绵白糖·············40g
蛋黄··········3个鸡蛋的量
牛奶···········250mL
香草荚·············1根
无盐黄油···········25g
朗姆酒············1大匙

草莓············4~5颗
香蕉··············1根
猕猴桃·············1个
糖粉············适量

工具

锅/搅拌盆/浅盘/打蛋器/电动打蛋器/橡皮刮刀/擀面杖/粉筛/茶筛/烤箱/烤盘/烘焙用纸/宽刃刀/砧板/毛刷/抹刀/刮板/蛋糕切刀/冷却架/裱花袋/裱花嘴（直径10cm、圆形）/保鲜膜/尺子（30cm以上）

烤模

30cm × 30cm的烤盘

1 准备一张比烤盘略大的烘焙用纸，沿着对角线在四个角上剪出10cm左右的切口，覆在烤盘上。
●准备
通过隔水加热或放入微波炉的方式熔化黄油。

2 做蛋白霜。将蛋白和绵白糖加入搅拌盆，用电动打蛋器搅拌混合。

3 搅打至奶油霜上残留有电动打蛋器的痕迹且奶油霜呈现出棱角。

4 加入蛋黄液，用橡皮刮刀"唰唰"地搅拌几下。

5 搅拌3~4次，蛋黄呈大理石花纹状，筛入低筋面粉，用橡皮刮刀搅拌混合。

> **＊温馨提示＊**
> 注意要快速混合并尽量减少搅拌次数。

6 粉状颗粒消失后，加入步骤1准备好的熔化的黄油，使用同样的方法迅速混合均匀。
●准备
将烤箱预热至180℃。

> **＊温馨提示＊**
> 加入黄油时，用橡皮刮刀接住。

7 将面糊倒入烤盘，用刮板将面糊抹成均匀的厚度。从倒入面糊的位置，向四周铺开。

> **＊温馨提示＊**
> 为避免破坏蛋白霜，尽量减少刮抹次数。

8 抹平一边之后，转动烤盘，将另一边移到面前，使用同样的方法抹平。

9 全部抹平之后，放入180℃的烤箱烘烤10~12分钟。

10 完成烘烤后，摘掉烤盘，将蛋糕放在冷却架上消除余热。做糖浆。打发鲜奶油，搅拌至6分发，使用之前放入冷藏室（参照第38页）。

11 准备好卡士达奶油（参照第27页）。

12 装饰用水果另放。其余的水果一半切大块：草莓切成4块；猕猴桃切成月牙状；香蕉先从中间横切，再切成4块。另一半切成1.5cm见方的水果丁。装饰用水果切成漂亮的形状。

13 冷却后去掉烘焙用纸，切去蛋糕边缘较硬的部分。

14 刮去蛋糕表面浅咖啡色的部分。

> *温馨提示*
> 此步骤还可以将蛋糕表面不太平整的部分刮平。

15 移至比蛋糕略大的烘焙用纸上，将切刀倾斜着没入离自己较近的一边，将边缘切薄。

> *温馨提示*
> 从切薄部分开始卷。

16 在距离切薄部分10cm的地方切一道浅浅的切口。

> *温馨提示*
> 此步骤方便卷蛋糕。

17 用毛刷涂一层糖浆。

> *温馨提示*
> 蛋糕较硬时，多涂一些糖浆。

18 将步骤**11**中的卡士达奶油放入搅拌盆，加入1大匙朗姆酒，快速搅拌混合成细腻的奶油状。

19 将步骤**10**中的打发鲜奶油搅打至8分发，倒在蛋糕上，用抹刀将其涂抹均匀。

20 将卡士达奶油装入裱花袋，相隔1~1.5cm挤出两根卡士达奶油。

21 两根卡士达奶油中间和两侧放入大块水果，其他地方撒上水果丁。

22 用擀面杖卷起离自己较近的烘焙用纸，一只手拿着烘焙用纸和擀面杖。

23 空着的另一只手轻轻地卷起蛋糕。

24 将手扶在蛋糕上，擀面杖向远离自己的方向移动，蛋糕自然而然地被卷起。

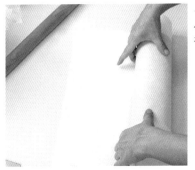

25 卷到终点时，终点朝下取出擀面杖。

26 如图所示，将蛋糕上方的烘焙用纸贴紧蛋糕卷，用尺子压住避免其移动，将下方的烘焙用纸拉紧。

27 像包糖果一样将烘焙用纸两端卷起，放入冷藏室30~60分钟。装饰打发鲜奶油、水果，并用茶筛筛上糖粉。

使用个人喜欢的水果

水果层叠蛋糕

所需时间	难易程度
30分钟	★

●制作方法

将海绵蛋糕切成喜欢的大小，涂一层糖浆。蛋糕片、水果、卡士达奶油、打发鲜奶油交互重叠着放入玻璃杯，精心地装盘。变硬的海绵蛋糕，因为吸收了糖浆、水果以及奶油中的水分，变得松软可口。

 食用建议

用制作蛋糕卷用的海绵蛋糕，
制作英式甜点、层叠蛋糕。
即使是烘烤不太成功的海绵蛋糕，
也可以因此华丽转身为一等美味。

你问我答
Q&A

海绵蛋糕硬邦邦的！

面糊混合过度，将破坏蛋白霜中的气泡，导致无法烤出松软的蛋糕。同时，还要注意面糊倒入烤盘后，为了均匀地抹平面糊，用刮板来回刮动，也会破坏气泡。另外，完成烘烤后，如果长时间放在热烤盘上，蛋糕也会变干、变硬。

Arrange Recipe

详细步骤见➡第45~47页

庆祝圣诞的传统蛋糕
法式圣诞蛋糕

所需时间	难易程度
90分钟	★★

※不含冷却时间

1 用热牛奶溶化速溶咖啡，和事先熔化的黄油混合，按照水果蛋糕卷中的步骤**6**的方法倒在面糊中。然后采用相同的方法烘烤。

2 制作奶油霜（参照第28页），一边留意味道一边加入咖啡精，小心地上色。

3 将一半奶油霜涂在海绵蛋糕上，做成蛋糕卷，放入冷藏室30~60分钟，使奶油霜凝固。

4 蛋糕卷左端切下5mm，右端斜着切下一小截。

5 用足量的奶油霜将斜着切下的蛋糕卷粘在原蛋糕卷右侧，斜面朝上。

6 用抹刀给蛋糕卷表面涂上奶油霜，做出树皮的样子。然后用彩色糖豆、糖甜点、可可粉、糖粉等装饰一番。

材料（1个30cm×30cm的烤盘所需的用量）

海绵蛋糕		奶油霜（标准分量）	
蛋白	3个鸡蛋的量	鸡蛋	2个
绵白糖	80g	绵白糖	120g
蛋黄	3个鸡蛋的量	无盐黄油	230g
低筋面粉	45g	咖啡精 ※	适量
无盐黄油	15g	彩色糖豆、糖甜点、	
速溶咖啡	1大匙	可可粉、糖粉	适量
牛奶	30mL		

糖浆（标准分量）

水	100g	※制作咖啡风味甜点的香精
细砂糖	50g	
可可利口酒	适量	

工具

锅/搅拌盆/浅盘/打蛋器/电动打蛋器/橡皮刮刀/擀面杖/粉筛/茶筛/烤箱/烤盘/烘焙用纸/蛋糕切刀/砧板/毛刷/抹刀/刮板/冷却架/尺子（30cm以上）

爽滑细腻的口感和焙茶的芳香组成和谐的美味

米粉和焙茶蛋糕卷

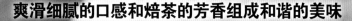

Rice Flour & Roasted Green Tea Roll Cake

所需时间	难易程度
100分钟	★ ★ ★

※不含冷却时间

◎材料（1个30cm × 30cm的烤盘所需的用量）

海绵蛋糕
蛋黄…………3个鸡蛋的量
蔗黄糖…………………25g
无盐黄油…………………20g
牛奶…………………1大匙
米粉…………………45g
焙茶（叶）…………1大匙
蛋白…………3个鸡蛋的量
蔗黄糖…………………55g

糖浆（标准分量）
水…………………100g
细砂糖…………………50g

打发鲜奶油
鲜奶油…………………300mL
蔗黄糖…………………30g

◎工具

锅/搅拌盆/打蛋器/电动打蛋器/橡皮刮刀/研钵/研杵/擀面杖/粉筛/烤箱/烤盘/烘焙用纸/毛刷/蛋糕切刀/抹刀/刮板/冷却架/尺子（30cm以上）

◎烤模

30cm × 30cm的烤盘

50

1 给烤盘铺上烘焙用纸。黄油和牛奶一起隔水加热或用微波炉加热，熔化黄油。焙茶放入研钵，用研杵磨碎。
●准备
将烤箱预热至180℃。

2 将蛋黄和25g蔗黄糖加入搅拌盆，用打蛋器搅打成白色。出现黏稠感后，加入步骤**1**中的黄油和牛奶，搅打至均匀混合。

3 筛入米粉，并加入步骤**1**中的焙茶粉，用打蛋器均匀混合，直至粉状颗粒消失。

温馨提示
均匀混合后的米粉更加松软可口。

4 将蛋白和55g蔗黄糖另放入一个搅拌盆，用电动打蛋器打发，制作蛋白霜。

5 取⅓的蛋白霜加入步骤**3**中的搅拌盆，用橡皮刮刀快速混合均匀。尽量减少搅拌次数，以免破坏蛋白霜中的气泡。

6 混合均匀后，加入剩余的蛋白霜，混合均匀。

7 倒入烤盘，用刮板抹平后放入180℃的烤箱烘烤12分钟左右。完成烘烤后，从烤盘中移出，放在冷却架上冷却。

8 做糖浆（参照第38页步骤**8**、**9**）。将海绵蛋糕处理一番（参照第46页步骤**13~17**），涂一层糖浆。

9 将鲜奶油和蔗黄糖混合，打发至8分发，铺在海绵蛋糕上。

10 在蛋糕离自己较近的一侧10cm左右的地方铺上厚厚的奶油，将其抹成山岭状。

11 以"山岭"为中心，卷起海绵蛋糕，将整个"山岭"包裹住。用烘焙用纸包住蛋糕卷进行操作（参照第47页步骤**22~26**），然后放入冷藏室30~60分钟。

你问我答
Q&A

海绵蛋糕瘪瘪的！

米粉是淀粉做成的，所以一定要和其他材料均匀混合。只用橡皮刮刀搅拌，是不会烘烤出膨松的蛋糕的。

香草戚风蛋糕
Vanilla Chiffon Cake

所需时间	难易程度
90分钟	★★★

材料 (1个直径17cm的戚风蛋糕所需的用量)

蛋黄·····················3个鸡蛋的量
绵白糖·······················25g
香草荚·······················1根
色拉油······················50mL
水·························50mL
低筋面粉·······················80g
蛋白·····················4个鸡蛋的量
绵白糖·······················45g

糖粉·························适量

工具

搅拌盆/电动打蛋器/打蛋器/橡皮刮刀/粉筛/茶筛/烤箱/烤盘/宽刃刀/砧板/抹刀/垫布/瓶子/竹签

烤模

1个直径17cm的戚风模

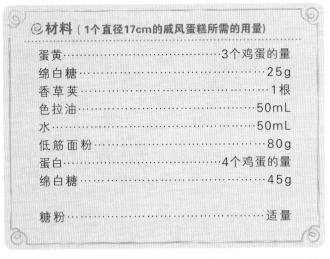

3 将蛋黄、25g绵白糖以及步骤**2**中的香草种子放入搅拌盆，用电动打蛋器搅打混合成白色。

4 加入色拉油，均匀混合后加水。

5 将蛋白另放入一个搅拌盆，一点点加入45g绵白糖，打发起泡。

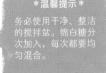
＊温馨提示＊
务必使用干净、整洁的搅拌盆。绵白糖分次加入，每次都要均匀混合。

1 沿着香草荚纵向切一道切口。

2 刮出种子。

6 搅打成松软的蛋白霜，稍微呈现出棱角最佳。

7 将低筋面粉筛入步骤**4**中的搅拌盆，用打蛋器搅打至光滑细腻的状态。

＊温馨提示＊
仔细搅打，形成面筋蛋白。

8 再次用电动打蛋器轻轻搅拌步骤**6**中的蛋白霜，使其变得光滑细腻。

> *温馨提示*
> 蛋白霜放置一段时间后会分离出水分，所以使用前务必再次搅打混合。

9 取⅓的蛋白霜加入步骤**7**中的搅拌盆，用打蛋器快速混合均匀。

10 8成混合后，加入剩余的蛋白霜，用打蛋器搅拌混合。

11 换用橡皮刮刀，消去面糊中的小疙瘩，将所有面糊混合均匀。

> *温馨提示*
> 为避免破坏蛋白霜中的气泡，从下向上舀起面糊进行混合。

12 用橡皮刮刀舀起面糊，面糊呈稠糊状向下流，留下的痕迹慢慢地融合在周围面糊中。以此种搅拌程度为佳。

13 将面糊倒入烤模。

● 准备
将烤箱预热至170℃。

> *温馨提示*
> 一边转动烤模，一边倒入面糊，这样可以保证面糊均匀。

14 上下搅动橡皮刮刀，再次混合，排出里面的空气。

15 将烤模放到操作台上，用力磕打几下，排出里面的空气。放入170℃的烤箱烘烤40~45分钟。

16 完成烘烤后，将烤模倒置在瓶子上，慢慢散去余热。

> *温馨提示*
> 倒置是为了避免膨松的蛋糕塌软、萎缩。

17 用手扶住蛋糕向中心挤压，在模具和蛋糕之间做出空隙。

18 将抹刀插入步骤**17**做出的空隙，一边慢慢地上下移动，一边沿着外模内侧划一圈，使蛋糕外壁脱离烤模。

19 中心部分采用同样的方法做出空隙，然后插入竹签，一边上下移动，一边沿着烤模内侧划一圈，使蛋糕内壁脱离烤模。

20 将烤模倒过来，按压烤模底部，取出蛋糕。

21 采用同样的方法将抹刀插入烤模底部和蛋糕之间，使烤模和蛋糕分离。

＊温馨提示＊
蛋糕粘在烤模底部的一面将作为正面，所以脱模时务必仔细。

22 取出烤模，将蛋糕放在盘子上，撒上糖粉。

食用方法

添加打发鲜奶油和果酱。
用蛋糕蘸取喜欢的量，
品味不同的口感。

● 制作方法
1 取2大匙喜欢的果酱（图片中为蓝莓酱）、2大匙水、1小匙柠檬汁放入锅中加热。
2 沸腾后，加入1小匙马拉斯加樱桃酒和1小匙玉米淀粉，混合后再加入蓝莓和覆盆子共50g。
3 将蛋糕放到盘子上，用汤匙加一团厚厚的7分发打发鲜奶油，再加一些果酱，并用蓝莓和薄荷叶稍加装饰。
温馨提示
果酱可用柠檬酱或草莓酱。水果只要喜欢，尽管使用，但要尽量避开水分较多的柑橘类水果。

你问我答
Q&A

蛋糕里有粗大的气孔！

这是因为将面糊倒入烤模时，里面混入了多余的空气。放入烤箱前，一定要在操作台上把烤模用力磕打几下，排出面糊中的空气。

香蕉清爽的果香留在唇齿之间

香蕉戚风蛋糕

所需时间	难易程度
90分钟	★★★

※不含冷却时间

1 用叉子背面将香蕉捣成泥状。

2 按照香草戚风蛋糕中的步骤**4**的方法，代替水，加入步骤**1**中的香蕉泥。用相同方法烘烤后，脱模。

3 将鲜奶油和20g绵白糖搅打至6分发，加入朗姆酒均匀混合，使用前放入冷藏室。

4 将脱模后的蛋糕放在转台上。取⅓的打发鲜奶油，另放入一个搅拌盆，搅打至8分发。

5 将蛋糕的表面、外壁和内壁全部涂一层薄薄的奶油，放入冷藏室10~15分钟。

> *温馨提示*
> 奶油中略微可见蛋糕的纹理也可以。

6 再次将蛋糕放到转台上，涂一层厚厚的六七分发的奶油，一边转动转台一边涂抹。

> *温馨提示*
> 涂蛋糕表面时，抹刀横向涂抹；涂蛋糕侧面时，立起抹刀涂抹。留下抹刀的痕迹会更加美观。如果无法整洁美观地抹出痕迹，涂上奶油即可。

7 将香蕉横向切成薄片，与薄荷叶一起装饰蛋糕。

材料（1个直径17cm的戚风蛋糕所需的用量）

香蕉戚风蛋糕		打发鲜奶油	
蛋黄	3个鸡蛋的量	鲜奶油	200mL
绵白糖	25g	绵白糖	20g
香蕉	1根（约80g）	朗姆酒	1小匙
色拉油	30mL		
低筋面粉	80g	香蕉（横切）、	
蛋白	4个鸡蛋的量	薄荷叶	适量
绵白糖	45g		

工具

搅拌盆/电动打蛋器/打蛋器/橡皮刮刀/粉筛/烤箱/烤盘/叉子/宽刃刀/砧板/抹刀/垫布/瓶子/转台/竹签

Arrange Recipe

详细步骤见➡第53~55页

加入咖啡，做出大人喜欢的口感

咖啡大理石
戚风蛋糕

所需时间	难易程度
90分钟	★★★

1 用热水溶化速溶咖啡，散去余热。

2 参照香草戚风蛋糕的做法，做出戚风蛋糕面糊。

3 取1/5步骤**2**中的面糊，另放入一个搅拌盆，和步骤**1**中的咖啡液混合。
●准备
将烤箱预热至170℃。

4 将步骤**3**中的面糊倒入步骤**2**中的搅拌盆，用橡皮刮刀快速混合成大理石花纹。

5 将面糊直接倒入戚风模，移至170℃的烤箱烘烤40~45分钟。散去余热后，脱模。

🍥材料（1个直径17cm的戚风蛋糕所需的用量）

蛋黄	3个鸡蛋的量
绵白糖	25g
色拉油	50mL
水	50mL
低筋面粉	80g
蛋白	4个鸡蛋的量
绵白糖	45g
速溶咖啡	2大匙
热水	1大匙

🍥工具

搅拌盆/电动打蛋器/打蛋器/橡皮刮刀/粉筛/烤箱/烤盘/抹刀/垫布/瓶子/竹签

松软的蛋糕，最适合栗子温和的甜味

蒙布朗戚风蛋糕
Montblanc

难易程度
★★

材料（12个直径7cm的马芬杯所需的用量）

戚风蛋糕
蛋黄……3个鸡蛋的量
绵白糖…………25g
色拉油………50mL
水………………50mL
低筋面粉………80g
蛋白……4个鸡蛋的量
绵白糖…………45g

打发鲜奶油
鲜奶油………300mL

绵白糖…………30g

卡士达奶油（标准分量）
低筋面粉………20g
玉米淀粉………10g
绵白糖…………40g
蛋黄……3个鸡蛋的量
牛奶…………250mL
香草荚…………1根
无盐黄油………25g

朗姆酒………1大匙

蒙布朗奶油
栗子糊（黄色）………300g
朗姆酒………1大匙
鲜奶油………50~60mL

糖煮栗子………50g
彩色糖豆………适量

工具

锅/搅拌盆/浅盘/电动打蛋器/打蛋器/橡皮刮刀/粉筛/万用滤网/烤箱/烤盘/保鲜膜/宽刃刀/砧板/冷却架/裱花袋/裱花嘴（直径7mm、圆形；直径10mm、圆形；蒙布朗专用裱花嘴）

烤模

直径7cm的马芬杯

58

1 参照香草戚风蛋糕的做法（第53、54页），做出戚风蛋糕面糊。注入马芬杯，8分满即可。
●准备
将烤箱预热至170℃。

2 放入烤箱烘烤20~30分钟。倒置在冷却架上，散去余热。
●准备
制作打发鲜奶油（参照第26页）、卡士达奶油（参照第27页），放入冷藏室。

3 将栗子糊加入搅拌盆，加入朗姆酒均匀混合。

温馨提示
栗子糊置于室温下回温备用。

4 一点点加入鲜奶油，调节栗子糊的硬度。

5 用橡皮刮刀划过蒙布朗奶油表面，留下光滑的痕迹。

6 将糖煮栗子切碎。

温馨提示
尽量切得细碎。

7 取一半卡士达奶油倒入搅拌盆，搅拌至光滑细腻的状态。加入切碎的栗子，均匀混合。

8 将步骤**7**中的奶油装入裱花嘴直径7mm的裱花袋，裱花嘴插入步骤**2**中的蛋糕中央，挤奶油。

9 打发鲜奶油搅打至八九分发，装入裱花嘴直径10mm的裱花袋，挤在蛋糕中央。奶油高出马芬杯。

10 将步骤**5**中的蒙布朗奶油加入装有蒙布朗专用裱花嘴的裱花袋。

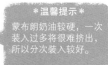

温馨提示
蒙布朗奶油较硬，一次装入过多将很难挤出，所以分次装入较好。

11 从外向内一边画圈，一边挤出条状蒙布朗奶油，包住鲜奶油。最后装饰上彩色糖豆。

你问我答
Q&A

蒙布朗奶油挤砸了！

奶油过软，则不易挤成形，会塌在一起。另外，挤奶油的速度也很重要，一定要一边画圈，一边快速挤出蒙布朗奶油。

就是它了！口感醇厚的经典款蛋糕

烤起司蛋糕
Baked Cheesecake

所需时间	难易程度
170分钟	★

材料（1个直径15cm的圆形模所需的用量）

全麦饼干	70g
无盐黄油	35g
奶油起司	200g
绵白糖	60g
香草荚	½根
酸奶油	90g
鸡蛋	1个
柠檬汁	1大匙
玉米淀粉	1½大匙

工具

搅拌盆/打蛋器/橡皮刮刀/擀面杖/万用滤网/烤箱/烤盘/塑料袋/冷却架/垫布/汤匙

烤模

直径15cm的圆形模

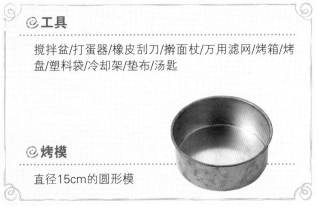

3 将全麦饼干装入厚塑料袋中，用擀面杖将其碾压成屑状。

温馨提示
也可以用食品粉碎搅拌机将其粉碎。

4 通过隔水加热或微波炉加热的方式熔化黄油。

5 将步骤3中的饼干屑倒入熔化后的黄油中。

1 将奶油起司置于室温下回温备用。

2 在烤模上涂一层薄薄的黄油。

6 铺到烤模底部。

7 用汤匙的背面将其压平。

8 将回温的奶油起司、绵白糖、香草种子加入搅拌盆。

9 一边用橡皮刮刀刮抹，一边将材料混合至光滑细腻的状态。

10 加入酸奶油，搅拌混合。

你问我答
Q&A

奶油起司疙疙瘩瘩的！

奶油起司和其他材料混合时，一边用橡皮刮刀刮抹，一边均匀混合。奶油起司较硬，如果不均匀混合的话，很容易出现块状物。而且，一定要事先置于室温下回温。

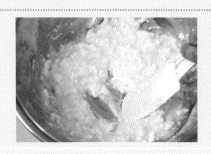

11 加入鸡蛋，搅拌混合。

> ***温馨提示***
> 面糊较硬时，用橡皮刮刀搅拌。面糊变软后，换成打蛋器。结合自身情况，使用便于搅拌混合的工具。

12 搅拌均匀。

13 加入柠檬汁，搅拌混合。

14 加入玉米淀粉，搅拌混合。

15 用万用滤网过滤。

●准备
将烤箱预热至160℃。

16 倒入烤模，移至烤箱烘烤50分钟左右。

17 完成烘烤后，放到冷却架上散去余热。

18 连同烤模一起放入冷藏室冷却。脱模时，将烤模放在热垫布上温热后再脱模。

Column

演绎松脆、细腻等各式口感的经典辅料

制作起司蛋糕和提拉米苏时，必不可少的材料是饼干。

它是做出不同口感和风味的关键。

全麦饼干

用于制作烤起司蛋糕、原味起司蛋糕的蛋糕坯。全麦饼干是用保留有与原来整粒小麦相同比例的胚乳、麸皮及胚芽等成分的全麦面粉做成的，口感松脆，麦香浓郁。

手指饼干

棒状饼干。可以直接当作甜点食用。吸收水分后，口感变得细腻，经常用来制作提拉米苏。可以和冰激凌一起食用。

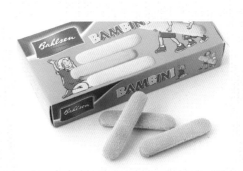

3 将奶油起司和绵白糖放入搅拌盆。
● 准备
鲜奶油搅打至6分发，放入冷藏室。

4 用橡皮刮刀来回刮抹，混合搅拌盆中的材料。

材料（1个直径15cm的圆形模所需的用量）

全麦饼干	70g
无盐黄油	35g
明胶粉	5g
水	25mL
奶油起司	200g
绵白糖	60g
纯酸奶	100g
柠檬汁	1大匙
白兰地	1大匙
鲜奶油	200mL

柠檬片、柠檬皮、薄荷叶 …… 适量

工具

搅拌盆/打蛋器/电动打蛋器/橡皮刮刀/擀面杖/万用滤网/塑料袋/垫布/玻璃杯/汤匙

烤模

直径 15cm 的圆形模
（底部可拆卸）

5 刮抹成光滑细腻的奶油状。

1 将碾碎的饼干和回温的黄油均匀混合，倒入圆形模（参照第61页）。

* 温馨提示 *
不需要在烤模内壁涂上黄油。

2 将明胶粉加入水中均匀混合，将明胶粉泡涨。
● 准备
奶油起司置于室温下回温备用。

6 分两次加入酸奶，每次都要均匀混合。

* 温馨提示 *
一次性加入酸奶的话，容易出现块状物，所以要分次加入。

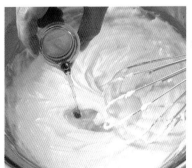

7 加入柠檬汁和白兰地，每次都要均匀混合。

8 搅拌成光滑的奶油状。

9 取4~5大匙步骤**8**中的材料，加入步骤**2**中的搅拌盆，通过隔水加热或放入微波炉加热的方式将其熔化。

10 将步骤**9**中的材料加入步骤**8**中的搅拌盆，快速搅拌混合。

11 用万用滤网过滤。

12 将鲜奶油搅打至7分发，取⅓加入步骤**11**的材料中，均匀混合后加入剩下的鲜奶油，均匀混合。

13 倒入圆形模。

14 用橡皮刮刀轻轻刮抹表面，描绘花样。

15 放入冷藏室2小时以上，冷却定型。脱模前，放在热垫布上温热一下。

16 将蛋糕连同烤模一起放在玻璃杯上，一边按压底部一边脱模。装饰上柠檬片、柠檬皮、薄荷叶。

你问我答
Q&A

明胶粉泡涨不成功？

水量不足或者是没有搅拌均匀等都会出现小疙瘩。而且，水温较高时，也容易出现粉疙瘩。

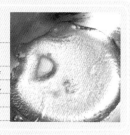

酸酸甜甜的口感，回味清爽

蓝莓香蕉起司蛋糕

所需时间	难易程度
50分钟	★

※不含冷却时间

1 和非烘焙起司蛋糕一样，将全麦饼干碎和黄油倒入烤模。

2 将蓝莓放入锅中，然后加入绵白糖、柠檬汁，用木刮刀轻轻地捣碎蓝莓，出汁后常温放置一段时间。

3 一边捣碎蓝莓肉一边加热。加热沸腾，去涩味。然后继续煮2~3分钟。

●准备
鲜奶油搅打至6分发，然后放入冷藏室。
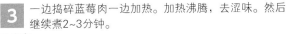

4 离火后，趁着材料还是热的，加入马拉斯加樱桃酒和大小适宜的香蕉块。用便携式搅拌机或食品搅拌器将其搅打成泥状，去除余热。

5 将回温的奶油起司放入搅拌盆，用橡皮刮刀拌匀。一点点加入步骤**4**的材料中，每次都要搅拌至没有颗粒。

6 用同样的方法混合酸奶。明胶粉用适量的水泡涨，然后通过隔水加热或放入微波炉加热的方式将其熔化，加入步骤**5**的材料中，快速搅拌均匀，使用万用滤网过滤。

7 加入鲜奶油，均匀混合后倒入烤模，将表面抹平。放入冷藏室2小时以上，冷却定型。脱模后装饰上蓝莓、香蕉片、薄荷叶。

材料（1个直径15cm的圆形模所需的用量）

全麦饼干	70g
无盐黄油	35g
蓝莓（鲜）	80g
香蕉	1根
绵白糖	70g
柠檬汁	1小匙
马拉斯加樱桃酒	1½大匙
明胶粉	8g
水	40mL
奶油起司	200g
纯酸奶	50g
鲜奶油	100mL

蓝莓、切成薄片的香蕉、薄荷叶…………适量

工具

锅/搅拌盆/打蛋器/便携式搅拌机或食品搅拌器/木刮刀/橡皮刮刀/擀面杖/万用滤网/宽刃刀/砧板/捞网/塑料袋/垫布/玻璃杯/汤匙

松软可口的蛋糕溶化在口中

舒芙蕾起司蛋糕
Souffle Cheesecake

所需时间	难易程度
110分钟	★

✦材料（1个直径15cm的圆形模所需的用量）

海绵蛋糕
（厚1cm的薄片）……1片
奶油起司……………200g
绵白糖………………15g
蛋黄…………2个鸡蛋的量
朗姆酒………………1大匙
柠檬汁…………½个的量

鲜奶油……………200mL
玉米淀粉……………30g
蛋白…………2个鸡蛋的量
绵白糖………………30g

糖粉…………………适量

✦工具

搅拌盆/刮板/打蛋器/电动打蛋器/橡皮刮刀/万用滤网/茶筛/烤箱/烤盘/毛刷/锡纸/冷却架/玻璃杯

✦烤模

直径 15cm 的圆形模
（底部可拆卸）

1 将海绵蛋糕片放入烤模（参照第38页），烤模内壁涂一层略厚的黄油。
●准备
奶油起司置于室温下回温备用。

2 烤模外壁用锡纸包着，使用前置于冷藏室保存。

3 将奶油起司和15g绵白糖加入搅拌盆，用橡皮刮刀搅拌至光滑细腻的奶油状。

4 一个个分次加入蛋黄，每次都要均匀混合。

> *温馨提示*
> 变软后，换成打蛋器继续搅拌。

5 加入朗姆酒、柠檬汁，均匀混合。
●准备
将烤箱预热至240℃。

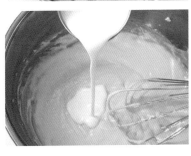

6 分3~4次加入鲜奶油，均匀混合后加入玉米淀粉。

7 均匀混合后，用万用滤网过滤。

8 将蛋白和30g绵白糖另放入一个搅拌盆，制作蛋白霜。取⅓的量加入步骤7中的搅拌盆。

9 用橡皮刮刀拌匀，注意不要破坏蛋白霜中的气泡。加入剩余的蛋白霜，快速搅拌混合。

10 倒入烤模，然后放到烤盘上，加水。水面高度约为烤盘的⅓。

11 放入预热至240℃的烤箱，5分钟后，将烤箱温度调至150℃，烘烤60分钟。完成烘烤后，放到冷却架上散去余热。脱模，用茶筛筛上糖粉。

你问我答
Q&A

烘烤出的蛋糕不膨松？

这是因为加入蛋白霜时搅拌过度，破坏了蛋白霜中的气泡。一定要尽量减少搅拌次数，用橡皮刮刀快速混合。

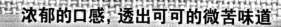

提拉米苏
Tiramisu

所需时间 **120**分钟

难易程度 ★★

※不含冷却时间

🍃材料（1个15cm×16cm×7cm的容器所需的用量）

起司糊

蛋黄‥‥‥‥‥3个鸡蛋的量	意式浓缩咖啡‥约200mL
绵白糖‥‥‥‥‥‥‥40g	安摩拉多利口酒‥‥1大匙
马斯卡彭起司‥‥‥‥250g	手指饼干‥‥‥‥‥12块
鲜奶油‥‥‥‥‥‥200mL	可可粉‥‥‥‥‥‥适量
蛋白‥‥‥‥2个鸡蛋的量	
绵白糖‥‥‥‥‥‥‥30g	

🍃工具

搅拌盆/打蛋器/电动打蛋器/橡皮刮刀/茶筛/抹刀

🍃烤模

15cm×16cm×7cm的容器

1 将蛋黄和40g绵白糖加入搅拌盆，用打蛋器搅打成白色。
●准备
将鲜奶油搅打至6分发，放入冷藏室。马斯卡彭起司置于室温下回温备用。

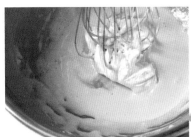

2 出现黏稠感后，加入马斯卡彭起司，均匀混合。

温馨提示
很容易成块，所以一定要分次一点点加入。

3 将蛋白和30g绵白糖另放入一个搅拌盆，用电动打蛋器搅打，制作蛋白霜。

4 将6分发的奶油加入步骤**2**中的搅拌盆，均匀混合。

5 分2次加入蛋白霜，每次都要用橡皮刮刀快速混合。

温馨提示
第1次加入蛋白霜时，8成混合即可。然后加入剩余的蛋白霜。

6 在散去余热的意式浓缩咖啡中加入安摩拉多利口酒。

7 将手指饼干浸在里面。

8 将步骤**7**中的手指饼干放在容器底部，然后加入步骤**5**中起司糊的½。

9 将表面抹平，再放一层步骤**7**中的手指饼干。

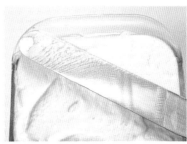

10 加入剩下的起司糊，用抹刀将表面抹平，放入冷藏室1小时，使味道充分融入其中。

11 用茶筛筛上可可粉。

你问我答
Q&A

起司糊稀糊糊的！

这是因为加入蛋白霜时搅拌过度。一定要用橡皮刮刀快速混合，以免破坏蛋白霜中的气泡。

最要紧的是，严守制作方法！

红茶磅蛋糕
Tea Pound Cake

所需时间	难易程度
90分钟	★ ★

材料（1个18cm×8cm的磅蛋糕模所需的用量）

无盐黄油	100g
绵白糖	100g
鸡蛋	2个（100g）
低筋面粉	80g
高筋面粉	20g
红茶茶叶	1½大匙

工具

搅拌盆/电动打蛋器/橡皮刮刀/粉筛/烤箱/烤盘/毛刷/冷却架/研钵/研杵/竹签/垫布

烤模

18cm×8cm的磅蛋糕模

3 将红茶茶叶放入研钵，研磨成粉末状。

4 将低筋面粉和高筋面粉筛入搅拌盆，并加入步骤**3**中的红茶粉。
●准备
将烤箱预热至170℃。

5 将回温的黄油和绵白糖加入搅拌盆，用电动打蛋器搅打混合。

1 在烤模上薄薄地涂一层黄油，筛上高筋面粉，抖掉多余的面粉。放入冷藏室，以免黄油熔化。

6 搅打至白色的光滑细腻状。

2 黄油置于室温下回温备用。

7 将鸡蛋液分5~6次加入步骤**6**中的搅拌盆，每次都要用电动打蛋器搅拌混合。

8 一次性加入所有鸡蛋液的话，材料会散开，所以要分次一点点加入。

温馨提示
搅拌过程中会不断混入空气，从而引出材料的味道。

9 加入步骤**4**的材料，用橡皮刮刀快速搅拌混合。

10 橡皮刮刀从面糊上面切入，将底部的面糊翻到上面，以此混合。

11 混合至粉状颗粒消失。

12 放到磅蛋糕模中。

13 橡皮刮刀插到面糊正中间，将面糊向烤模四周刮去。

14 "咚咚"磕打几下操作台，排出面糊中的空气，然后放入170℃的烤箱烘烤40~50分钟。

15 刺入竹签，如果没有沾到面糊，则烘烤成功。

16 放到冷却架上散去余热，脱模。

你问我答
Q&A

鸡蛋液无法和面糊融合！

将鸡蛋液加入面糊中时，一次性全部加入的话，鸡蛋液很难融入面糊中，无论怎么搅拌都不会变得光滑细腻。

Arrange Recipe

详细步骤见➡第73、74页

西式甜点和日式口感的绝妙搭配
抹茶柚子磅蛋糕

所需时间	难易程度
90分钟	★★

1 参照红茶磅蛋糕的制作方法，不加红茶，制作原味面糊。

2 将一半面糊另放入一个搅拌盆中，加入柚子酱，混合均匀。
● 准备
烤模上薄薄地涂一层黄油，筛上高筋面粉，放入冷藏室。

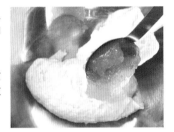

3 用茶筛将抹茶粉筛入另一半面糊，用橡皮刮刀搅拌混合。

4 用汤匙将2种面糊交替放入烤模。

5 用抹刀大幅度粗略地拌一两下，做出大理石花纹。使用和红茶磅蛋糕相同的方法烘烤。

材料（1个18cm × 8cm的磅蛋糕模所需的用量）

无盐黄油	100g
绵白糖	100g
鸡蛋	2个（100g）
低筋面粉	80g
高筋面粉	20g
抹茶粉	1小匙
柚子酱	1½大匙

工具

搅拌盆/电动打蛋器/橡皮刮刀/粉筛/茶筛/烤箱/烤盘/毛刷/冷却架/抹刀/汤匙/竹签/垫布

可以拿着吃，小巧的外形很方便

马德莲

Madeleine

所需时间	难易程度
40分钟	★

※不含醒发时间

🍃材料（30个马德莲所需的用量）

鸡蛋	2个
绵白糖	80g
蜂蜜	30g
柠檬皮屑	1个的量
低筋面粉	110g
泡打粉	⅓小匙
无盐黄油	80g
鲜奶油	2大匙

🍃工具

搅拌盆/打蛋器/橡皮刮刀/粉筛/烤箱/烤盘/冷却架/毛刷/裱花袋/夹子

🍃烤模

马德莲专用烤模

1 用毛刷给烤模薄薄地涂一层黄油，筛上高筋面粉。抖掉多余的面粉，放入冷藏室冷却。

2 通过隔水加热或放入微波炉加热的方式熔化黄油。

> **＊温馨提示＊**
> 熔化黄油时的温度为50~55℃。

3 将鸡蛋和绵白糖放入搅拌盆，用打蛋器打发起泡。

4 加入蜂蜜，均匀混合后加入柠檬皮屑。

5 筛入低筋面粉和泡打粉，搅拌至没有粉状颗粒，呈柔滑状态。

6 加入熔化的黄油和鲜奶油。

7 混合至柔滑状态。

8 将面糊常温放置2~3小时。

> **＊温馨提示＊**
> 最少也要静置醒发1个小时。

9 将面糊装入裱花袋。

●准备
将烤箱预热至210℃。

> **＊温馨提示＊**
> 不装裱花嘴也可以。用夹子夹住裱花袋口，放在杯子上固定，就可以倒入面糊了。

10 挤入烤模至8分满。

> **＊温馨提示＊**
> 用右手挤，左手在一边协助着。在快装满烤模的时候，用左手捏紧裱花袋口。

11 放入预热至210℃的烤箱，关上烤箱门后将温度调至180℃，烘烤10~13分钟。完成烘烤后，脱模，放在冷却架上散去余热。

你问我答 Q&A

马德莲没法从烤摸中取出！

这是因为没有按要求把烤模准备好。为避免蛋糕粘到烤模上，一定要薄薄地涂一层黄油，并筛上高筋面粉。

焦黄油和大马尼埃酒散发着诱人的香味

费南雪
Financier

所需时间	难易程度
80分钟	★

ℯ 材料（18~20个费南雪所需的用量）

杏仁粉	50g
低筋面粉	50g
绵白糖	100g
蛋白	4个鸡蛋的量（160g）
无盐黄油	70g
橙皮屑	1个的量
大马尼埃酒	适量

ℯ 工具

锅/搅拌盆/打蛋器/粉筛/万用滤网/烤箱/烤盘/纸巾/毛刷/裱花袋/夹子

ℯ 烤模

4.5cm×8.3cm
的费南雪模

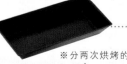

※分两次烘烤的话，准备
9~10个

1 用毛刷在烤模上薄薄地涂一层黄油，撒上高筋面粉。抖掉多余的面粉，放入冷藏室。

2 将黄油放入小锅中加热，一边晃动小锅，一边熔化黄油。

3 继续加热，做成焦黄油。

温馨提示
晃动小锅可以帮助你透过气泡看清黄油的颜色。

4 黄油变成茶色并散发出诱人的香味后，离火。锅底放在冰水上，防止温度继续上升。

5 将纸巾覆在滤网上，过滤黄油。

6 将蛋白和绵白糖放入搅拌盆，搅打至蛋白表面膨松地浮起白色的泡沫。

7 将杏仁粉和低筋面粉混合在一起，筛入搅拌盆，用打蛋器混合至粉状颗粒消失。

8 打蛋器在搅拌盆中画圆。不是一下子混合所有面糊，而是从搅拌盆中心开始向四周一点点混合，如此可以快速混合均匀。

9 加入橙皮屑和步骤**5**中的焦黄油，用打蛋器混合均匀。
●准备
将烤箱预热至210℃。

10 装入裱花袋，将面糊挤入烤模。放入预热至210℃的烤箱后，将温度调至180℃，烘烤12~15分钟。

温馨提示
裱花袋的用法请参照第77页。

11 完成烘烤后，立即在表面涂上大马尼埃酒。

温馨提示
趁着费南雪还是热的，涂上大马尼埃酒，可以帮助散去酒精成分，只留下香味。

你问我答
Q & A

黄油焦化过度！

如果加热至黑色，黄油的味道将会变苦。所以，在黄油变成浅茶色时就要离火，移到冰水中。

用磅蛋糕模制作，最适合搭配啤酒食用

咖喱风味的
法式咸蛋糕

所需时间	难易程度
60分钟	★

1 将咸猪肉切成肉粒，洋葱也要切碎。

●准备
烤模薄薄地涂一层黄油，撒上高筋面粉，放入冷藏室。

2 在平底锅中放入1~2小匙色拉油，加热。放入洋葱，翻炒至洋葱变得透明时，加入咸猪肉粒，快速翻炒。放入食盐、胡椒粉，然后散去余热。

3 将鸡蛋、色拉油、牛奶放入搅拌盆，混合均匀。

●准备
将烤箱预热至180℃。

4 筛入低筋面粉、泡打粉、咖喱粉，再加入帕马森起司，一起均匀混合至粉状颗粒消失。

5 加入步骤2中的材料，混合均匀。倒入烤模，用力磕打几下操作台以排出面糊中的空气，然后放入180℃的烤箱烘烤30分钟左右。

材料（1个18cm×8cm的磅蛋糕模所需的用量）

咸猪肉	50g
洋葱	½个
食盐	⅓小匙
胡椒粉	适量
鸡蛋	2个
色拉油	70mL
牛奶	50mL
低筋面粉	110g
泡打粉	1小匙
咖喱粉	2大匙
帕马森起司	40g

工具

平底锅/搅拌盆/木刮刀/橡皮刮刀/打蛋器/粉筛/烤箱/烤盘/宽刃刀/砧板/冷却架/毛刷/竹签/垫布

简易甜点

用喜欢的烤模压出形状，再加上美味的糖霜！

压模饼干

Cut-out Cookie

所需时间	难易程度
100分钟	★

※不含醒发时间

◎材料（各30~35片的用量）

原味面团		鸡蛋·········½个（30g）
无盐黄油·········60g		低筋面粉·········90g
糖粉·········50g		可可粉·········15g
食盐·········少量		杏仁粉·········30g
鸡蛋·········½个（30g）		
低筋面粉·········90g		**糖霜**（标准分量，略多）
杏仁粉·········30g		蛋白·········20g
		糖粉····约100g（标准分量）
可可面团		柠檬汁·········1~2滴
无盐黄油·········60g		喜欢的食用色素·········适量
糖粉·········50g		彩色糖豆·········适量
食盐·········少量		

◎工具

搅拌盆/电动打蛋器/打蛋器/橡皮刮刀/擀面杖/粉筛/烤箱/烤盘/烘焙用纸/蜡纸/保鲜膜/冷却架/汤匙/剪刀/镊子

◎烤模

曲奇模

82

1 制作原味面团。在搅拌盆中加入回温的黄油和食盐，用打蛋器搅拌至光滑的奶油状。加入糖粉，搅拌成白色。

2 分2~3次加入鸡蛋液，每次都要均匀混合。

> ***温馨提示***
> 一点点分次加入鸡蛋液，可以防止面糊散开。

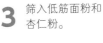

3 筛入低筋面粉和杏仁粉。

> ***温馨提示***
> 制作可可面团时，一起筛入可可粉。

4 用橡皮刮刀快速搅拌混合，直至粉状颗粒消失。此时的面糊看起来干干的。

5 用橡皮刮刀按压面糊，将其完全归拢在一起。

6 包上保鲜膜，放入冷藏室2小时以上。制作可可面团时，先做步骤**1**、**2**，在步骤**3**中和其他粉类一起加入可可粉。然后继续按照原味面团的制作方法制作。

7 在操作台上撒一些面粉，用擀面杖将面团擀压成厚约3mm的面皮。

> ***温馨提示***
> 为避免面团粘到擀面杖上，可以在面团表面撒一些面粉。

8 用喜欢的压模压出喜欢的形状。剩余的面皮边角重新和成面团，再擀成面皮，用压模压出形状。
● 准备
将烤箱预热至180℃。

9 如果想做大理石花纹的饼干，可以将压模后的原味饼干和可可味饼干擀压在一起，再压出喜欢的形状。

10 烤盘中铺好烘焙用纸，放入面片，注意不要挨着。

> ***温馨提示***
> 饼干大小不同，烘烤时间也不同，所以尽量把相同的饼干放在一起烘烤。

11 放入预热至180℃的烤箱烘烤10~13分钟，然后移至冷却架上散去余热。

你问我答
Q&A

压模过程不顺利？

面皮粘到压模狭窄的地方上了。面皮较软时，擀压成3mm厚之后，放入冷藏室片刻。

用作礼物！包装纸的创意

透明纸切成大尺寸，将几片饼干包在其中。两端、饼干和饼干之间均用细带系紧。

1 准备好糖霜、圆锥形裱花袋（参照第32、33页）。圆锥形裱花袋的尖端剪一个小口，沿着饼干边缘挤一个细细的轮廓。

2 裱花袋尖端的小口向上再剪一点，在轮廓里面挤出略粗的线条。

3 用汤匙的背面将其抹均匀。

4 用软糖霜一点点挤出图案，在变硬之前快速装饰彩色糖豆。

＊温馨提示＊
如果装饰彩色糖豆时，糖霜已经变硬，可以蘸取少量糖霜将其粘上。

84

Arrange Recipe

详细步骤见➡第83页

开心果清爽的口感,你一定喜欢

开心果脆饼

所需时间	难易程度
120分钟	★

※不含醒发时间

1 将开心果放入160℃的烤箱烘烤10分钟,散去余热后粗粗地切碎。用茶筛去除柠檬果肉和种子,挤出柠檬汁,和柠檬皮屑混合在一起。

2 将回温的黄油用打蛋器搅拌成奶油状。加入糖粉,均匀混合。

3 在材料变成松软的白色后,分2~3次加入鸡蛋液,每次都要用打蛋器搅拌均匀。分2次加入柠檬汁、柠檬皮屑。

4 加入开心果,用橡皮刮刀拌匀,筛入低筋面粉。用橡皮刮刀快速混合均匀,变成和压模饼干面糊一样干干的状态时,通过按压将其归拢到一起(参照第83页)。

5 将面团分成2份。在操作台上撒一些面粉,将面团揉成直径3.5~4cm的棒状,用保鲜膜包好,放入冷藏室醒发半日以上。
●准备
将烤箱预热至160℃。

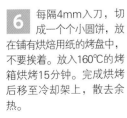

6 每隔4mm入刀,切成一个个小圆饼,放在铺有烘焙用纸的烤盘中,不要挨着。放入160℃的烤箱烘烤15分钟。完成烘烤后移至冷却架上,散去余热。

◎材料(40片的用量)

无盐黄油	120g
糖粉	75g
鸡蛋	½个(30g)
柠檬汁、柠檬皮屑	各½个的量
开心果	40g
低筋面粉	200g

◎工具

搅拌盆/打蛋器/橡皮刮刀/粉筛/茶筛/保鲜膜/烤箱/烤盘/烘焙用纸/宽刃刀/砧板/冷却架

用汤匙将面糊舀到烤盘上直接烘烤的简单甜点

燕麦片巧克力饼干

Oatmeal Chocolate Chip Cookies

所需时间	难易程度
40分钟	★

※不含醒发时间

材料（直径6cm的饼干25~30片的用量）

无盐黄油	110g	泡打粉	½小匙
食盐	适量	燕麦片	120g
红砂糖	50g	山核桃	50g
细砂糖	40g	巧克力片	100g
鸡蛋	1个		
牛奶	2大匙		
低筋面粉	100g		

工具

搅拌盆/电动打蛋器/橡皮刮刀/粉筛/烤箱/烤盘/烘焙用纸/宽刃刀/砧板/冷却架/大汤匙/叉子

1 将山核桃放入160℃的烤箱烘烤10分钟,散去余热。
●准备
黄油置于室温下回温备用。

2 粗粗地切碎。

3 将回温的黄油、食盐、红砂糖、细砂糖搅拌成白色。

4 分3~4次加入鸡蛋液,每次都要搅拌均匀。

5 分2次加入牛奶。

6 加入山核桃和巧克力片,用橡皮刮刀搅拌混合。

7 筛入低筋面粉和泡打粉。

8 加入燕麦片,搅拌均匀。

温馨提示
为避免粘成块,一定要快速混合均匀。

9 用大汤匙一次舀一大匙,放在铺有烘焙用纸的烤盘中,不要挨着。
●准备
将烤箱预热至180℃。

10 叉子背面用水沾湿,轻轻按压面糊,使其呈圆饼状。

11 放入180℃的烤箱烘烤15分钟,圆饼将变成诱人的颜色,大功告成。

你问我答
Q&A

面糊散开了?

加入鸡蛋液和牛奶等液体时,绝对不能一次性全部加入。否则,材料无法充分与黄油融合,面糊很容易散开。

温和的甜味在口中融化

黄豆粉砂糖 香甜圆饼

Polvorone

所需时间	难易程度
90分钟	★

※不含醒发时间

🍥材料（约30个的用量）

无盐黄油	100g
和三盆（上等砂糖）	40g
低筋面粉	120g
黄豆粉	50g
装饰粉※	适量
和三盆（上等砂糖）	适量

※ 没有的话，可用糖粉代替

🍥工具

搅拌盆/浅盘/电动打蛋器/橡皮刮刀/粉筛/茶筛/烤箱/烤盘/烘焙用纸/冷却架/保鲜膜

1 在烤盘中铺上烘焙用纸，放上黄豆粉和低筋面粉，移至120℃的烤箱烘烤15~20分钟。时时搅拌，以散去余热。
●准备
将黄油置于室温下回温备用。

2 将黄油放入搅拌盆，搅拌至光滑细腻的奶油状。

3 加入和三盆，使用同样的方法搅拌混合。

4 搅拌成松软的白色。

> ＊温馨提示＊
> 通过混入空气，容易和粉类融合在一起。

5 筛入步骤1中的粉类。

6 用橡皮刮刀快速搅拌混合至粉状颗粒消失。

> ＊温馨提示＊
> 刚开始混合时，橡皮刮刀切入面糊，将底部的面糊翻上来，以此方法混合。

7 将面糊归拢到一起，包上保鲜膜，放入冷藏室醒发2小时以上。

8 将面团每8~9g团成一个圆球，放在铺有烘焙用纸的烤盘中，彼此要相隔一定的距离。
●准备
将烤箱预热到140~150℃。

9 放入140~150℃的烤箱烘烤20分钟左右。完成烘烤后移出来，散去余热。

10 将小圆饼放到浅盘中。将装饰粉与和三盆以相同比例混合，撒满小圆饼的表面。

11 将小圆饼反过来，另一面也要撒满。

> **你问我答**
> **Q&A**
>
> **烘烤完成后小圆饼粘在了一起！**
>
> 面团加热后会膨胀。所以，放在烤盘上时，一定要彼此隔着足够的距离。相距过近，烘烤后的小圆饼就会粘在一起。

香喷喷的，可以当下酒小菜

芝麻全麦薄饼
Sesame Graham Cracker

所需时间 **40**分钟　难易程度 ★

※不含醒发时间

✿材料（10片的用量）

全麦面粉	150g
食盐	⅔小匙
细砂糖	⅔小匙
黑芝麻	½大匙
橄榄油	55mL
牛奶	45mL
黑芝麻	适量

✿工具

搅拌盆/橡皮刮刀/烤箱/烤盘/烘焙用纸/保鲜膜/擀面杖/尺子/派刀/竹签

1 将全麦面粉、食盐、细砂糖、黑芝麻放入搅拌盆，均匀混合。

2 加入橄榄油，用橡皮刮刀快速混合均匀。

3 加入牛奶，用橡皮刮刀均匀混合。

4 用手掌根部一边按压面糊，一边将面糊揉到一起。

5 面糊揉到一起后，再揉成圆团。

6 包上保鲜膜，放入冷藏室1小时以上。

7 在操作台上撒一些面粉，将面团擀压成厚2mm的面皮。

8 面皮表面均匀地撒一层黑芝麻。
●准备
将烤箱预热至190℃。

9 再次用擀面杖擀压一下，使黑芝麻粘到面皮上。

10 切成6cm×10cm的方块。

11 放入铺有烘焙用纸的烤盘，用竹签刺出一个个小孔，放入190℃的烤箱烘烤15分钟左右。

你问我答
Q&A

面糊干巴巴的没法和到一块

可能粉类较干，制作方法中的水分相对不足。一边留意面糊状态，一边用大是加水。

法式瓦片饼干

Tuiles

所需时间	难易程度
40分钟	★

📝材料（标准分量）※

无盐黄油·······························60g
糖粉··································60g
蛋白·····················1½个鸡蛋的量（60g）
低筋面粉································60g
可可粉·································10g

※标准分量的材料大约能做40片饼干。成品和干燥剂一起放入密闭容器贮藏。将面团用保鲜膜包好，放入冷冻室可保存2~3周

📝工具

搅拌盆/打蛋器/橡皮刮刀/粉筛/烤箱/烤盘/擀面杖/烘焙用纸/蜡纸/抹刀/厚纸/美工刀/剪刀

📝烤模

在厚1mm的纸上裁去直径9.5cm的圆片，以此为模具

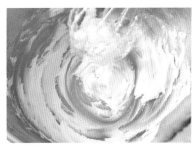

1 将回温的黄油放入搅拌盆，用打蛋器搅打成光滑细腻的奶油状。

●准备

用美工刀将厚纸裁成做薄饼用的纸模。准备锥形裱花袋。

2 加入糖粉，均匀混合。

3 分2~3次加入蛋白，每次都要均匀混合。

4 筛入低筋面粉，用打蛋器搅拌至粉状颗粒消失。

5 将面糊分为两半，一半里面筛入可可粉，用橡皮刮刀均匀混合。

＊温馨提示＊
可以用喜欢的食用色素上色。

6 将纸样放在铺有烘焙用纸的烤盘上，用抹刀蘸取少量面糊，涂在从纸样中露出的烤盘上面。

7 将纸样中的面糊抹平。

＊温馨提示＊
没有必要将表面抹得特别光滑。

8 移开纸样。

●准备

将烤箱预热至200℃。

9 将步骤**5**的可可面糊装入锥形裱花袋，挤出花样。

10 放入200℃的烤箱烘烤5~7分钟，直至饼干边缘变成浅咖啡色。

11 完成烘烤后，趁着饼干没有变硬，将其卷到擀面杖上做出弧度。

你问我答
Q&A

烤过头了！

爽脆的口感是法式瓦片饼干独特的魅力，所以务必注意不要烘烤过度。勤看饼干的样子，烘烤至边缘上色即可。

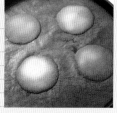

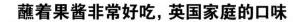

蘸着果酱非常好吃，英国家庭的口味

英式司康饼
Scone

所需时间	难易程度
90分钟	★

※不含醒发时间

材料（7个直径约5cm的烤饼的用量）

低筋面粉·······························200g
泡打粉··································2小匙
细砂糖··································40g
食盐··································⅓小匙
无盐黄油·······························65g
牛奶··································80mL
蛋黄·······························1个鸡蛋的量
牛奶··································少量

工具

搅拌盆/粉筛/刮板/擀面杖/刀子/毛刷/烤箱/烤盘/烘焙用纸/冷却架/保鲜膜/叉子

1 在大号搅拌盆中筛入粉类、细砂糖、食盐。

2 在冷却的黄油上铺满面粉，用刮板将其切成小豆大小。

温馨提示
快速切割黄油，避免其熔化。

3 用指腹捏碎黄油和面粉。

4 变成干爽的肉松状。

5 将80mL牛奶和蛋黄均匀混合，加入步骤**4**的材料中。

6 用叉子搅拌混合，并将面糊归拢到一起。

7 面糊归拢到一起后，用手掌根部按压面糊，将面糊和成一团。

8 包上保鲜膜，放入冷藏室醒发1~2小时。

9 在操作台上撒一些面粉（规定材料之外的高筋面粉），放上面团，用擀面杖将其擀压成厚2.5cm、边长12cm的正方形。

10 用刀子将其切为9等份，放在铺有烘焙用纸的烤盘上，用毛刷在表面涂一层薄薄的牛奶。

●准备
将烤箱预热至180~190℃。

11 放入180~190℃的烤箱烘烤20~25分钟。完成烘烤后，放在冷却架上散去余热。

温馨提示
司康饼的侧面裂开一道口子，说明烘烤成功了。英国人把它叫作"狼口"。

你问我答
Q&A

面糊黏糊糊的！

室温或手的温度熔化了黄油的话，面糊就会变得黏糊糊的。这样的面糊烘烤出来的饼干不会有松脆的口感。

第一次烘焙也可以轻松完成。用心地装饰一番还可以用作礼物！

马芬蛋糕
Cupcake

所需时间	难易程度
60分钟	★

🍃材料（12~13个直径6cm的马芬模所需的用量）

蛋白·····················3个鸡蛋的量
绵白糖·························70g
蛋黄·····················3个鸡蛋的量
绵白糖·························30g
低筋面粉·······················140g
无盐黄油·························60g
鲜奶油·························30mL

🍃工具

搅拌盆/电动打蛋器/打蛋器/橡皮刮刀/粉筛/烤箱/烤盘/裱花袋/夹子/冷却架

🍃烤模

直径6cm的马芬模和直径6cm的纸杯

1 将纸杯放入马芬模。

●准备
将黄油和鲜奶油一起通过隔水加热或放入微波炉加热的方法熔化。

2 将蛋白和70g绵白糖的⅓放入搅拌盆，用电动打蛋器搅打，制作蛋白霜。

3 材料变成白色后，分两次加入剩余的绵白糖，每次都要搅拌均匀，制作光滑细腻的蛋白霜。

4 搅拌至蛋白霜出现尖角。

5 将蛋黄和30g绵白糖另放入一个搅拌盆，用打蛋器搅拌混合至略微发白的状态，充分混入空气。

6 将蛋白霜加入蛋黄中，用橡皮刮刀快速混合均匀。

7 8成混合后，筛入低筋面粉，用橡皮刮刀快速混合至粉状颗粒消失。

> **＊温馨提示＊**
> 注意不要搅拌过度。

8 在盛有黄油和鲜奶油的搅拌盆中加入步骤**7**的面糊的⅙。

9 用打蛋器搅拌混合成蛋黄酱的状态。

> **＊温馨提示＊**
> 如果努力搅拌混合之后还是很散，可以再添加一点面糊进行混合。

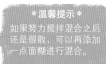

10 将步骤**9**的材料倒入原来的搅拌盆，用橡皮刮刀混合至块状物消失。

●准备
将烤箱预热至180℃。

11 将步骤**10**中的面糊装入裱花袋，然后挤入烤模。移至180℃的烤箱烘烤20~25分钟。完成烘烤后，散去余热。可以稍稍装饰一番（参照第98、99页）。

你问我答
Q&A

蛋糕冒出来了！

蛋糕加热后会膨胀，如果烤模装满面糊，烘烤后就会溢出。所以，装到8分满即可。

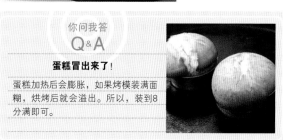

锦上添花的装饰

马芬蛋糕自身已足够美味，如果再用奶油霜装饰一番，将会大大地美化其外观。美丽的外观使美味的马芬蛋糕锦上添花，可以用作礼物。

材料（标准分量）

奶油霜		风味/装饰（与左侧的材料相对应）	
鸡蛋	2个	覆盆子泥	30g
绵白糖	120g	咖啡精	适量
无盐黄油	230g	喜欢的食用色素	适量
		彩色糖豆	适量
		咖啡粉	适量

奶油霜做成的花边装饰上珍珠般的彩色糖豆非常雅致

在装有"玫瑰"裱花嘴的裱花袋中装入奶油霜，细细地挤在马芬蛋糕表面。奶油霜正中装饰一颗彩色糖豆。

咖啡风味的奶油霜
粗略地涂抹一番

参照法式圣诞蛋糕，制作咖啡风味的奶油霜（参照第28、49页）。用抹刀蘸取奶油霜进行涂抹，就像是堆在蛋糕上面的感觉。撒上咖啡粉，并装饰上彩色糖豆。

用彩色的奶油霜
做如诗如画的装饰

覆盆子风味的奶油霜的做法，请参照双色棋格蛋糕（第43页）。准备添加了绿色色素的奶油霜。直径3mm的圆形裱花嘴挤出的粒状奶油霜是粉色的花瓣，叶状裱花嘴挤出的是绿色的叶子。

只要掌握制作方法，就可以运用自如！

巧克力马芬蛋糕
Chocolate Chip Muffin

所需时间	难易程度
60分钟	★

材料（11~12个直径6cm的马芬模所需的用量）

无盐黄油·············90g	泡打粉·············½小匙
食盐·············⅛小匙	巧克力片·············100g
绵白糖·············65g	
鸡蛋·············1个	巧克力片（装
蛋黄·····1个鸡蛋的量	饰用）·············适量
牛奶·············90mL	
低筋面粉·············200g	

工具

搅拌盆/电动打蛋器/橡皮刮刀/粉筛/烤箱/烤盘/冷却架/汤匙

烤模

直径6cm的马芬模和直径6cm的纸杯

1 将纸杯放入马芬模。

●准备
将黄油置于室温下回温备用。

2 将低筋面粉、泡打粉一起过筛。

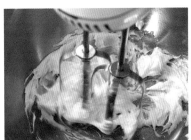

3 将回温的黄油搅拌成奶油状。

4 加入食盐、绵白糖，混入空气，搅拌成白色。

5 将鸡蛋液和蛋黄液混合在一起，分3~4次加入，每次都要均匀混合。

6 加入步骤**2**的粉类的一半，用橡皮刮刀快速混合至粉状颗粒消失。

7 加入一半牛奶，用橡皮刮刀搅拌至完全混合。

8 加入步骤**2**剩余的粉类，搅拌混合。加入剩余的牛奶，搅拌混合。

> ＊温馨提示＊
> 粉类和牛奶各自分2次交替加入，每次都要均匀混合。

9 加入巧克力片，均匀混合。

●准备
将烤箱预热至180℃。

10 用汤匙将面糊舀入烤模，并在表面撒上装饰用的巧克力片。移至180℃的烤箱烘烤25分钟左右。

11 完成烘烤后，脱模，散去余热。

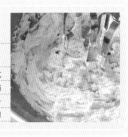

你问我答
Q&A

面糊比较分散？

面糊并不黏稠，而是趋于分散，如此烘烤出的蛋糕看起来干巴巴的。为防止面糊分散，鸡蛋液和牛奶一定要一点点地分次加入，而且每次都要均匀混合。

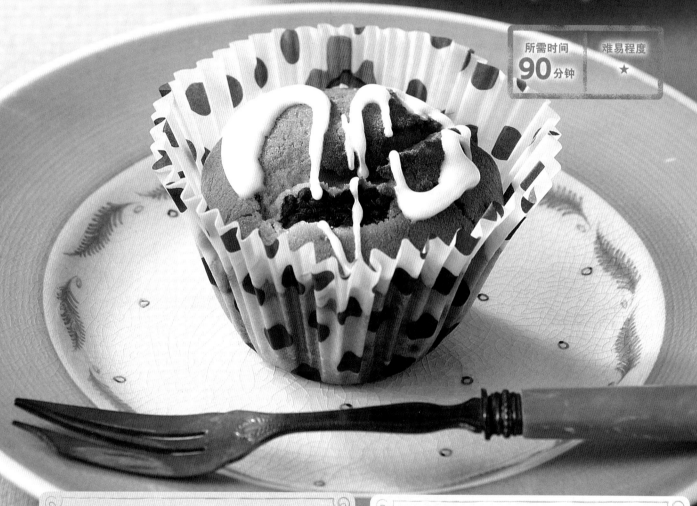

浆果酸爽的口感中掺着丝丝甘甜，真是绝妙极了

白巧克力覆盆子
马芬蛋糕

White Chocolate and Raspberry Muffin

所需时间	难易程度
90分钟	★

材料（11~12个直径6cm的马芬模所需的用量）

白巧克力马芬蛋糕

无盐黄油	90g
食盐	⅛小匙
绵白糖	50g
白巧克力	100g
鸡蛋	1个
蛋黄	1个鸡蛋的量
牛奶	90mL

低筋面粉	200g
泡打粉	½小匙
覆盆子	100g

柠檬霜（标准分量）

糖粉	150g
热水	1大匙
柠檬汁	1~1½大匙

工具

搅拌盆/打蛋器/电动打蛋器/橡皮刮刀/粉筛/烤箱/烤盘/冷却架/汤匙/垫布/温度计

烤模

直径6cm的马芬模和直径6cm的纸杯

102

1 用于顶部装饰的覆盆子单独放置，其余掰成两半。
●准备
将纸杯放入马芬模。

2 将低筋面粉、泡打粉过筛。
●准备
将黄油置于室温下回温备用。

3 用50~55℃的热水隔水熔化白巧克力。

> ＊温馨提示＊
> 隔水加热时，水温过高则影响巧克力的口感。务必注意。

4 将回温的黄油搅拌成奶油状，加入食盐、绵白糖，搅拌成白色。

5 加入熔化的白巧克力，均匀混合。

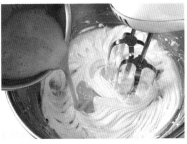

6 将鸡蛋液和蛋黄液混合在一起，分3~4次加入，每次都要均匀混合。

7 加入步骤**2**的粉类的一半，用橡皮刮刀快速混合至粉状颗粒消失。

8 加入一半牛奶，用橡皮刮刀搅拌至牛奶完全融入面糊。加入剩余的步骤**2**中的粉类，均匀混合。再加入剩余的牛奶，均匀混合。

9 加入覆盆子，均匀混合。
●准备
将烤箱预热至180℃。

10 用汤匙将面糊舀入烤模，再撒上装饰用的覆盆子。移至180℃的烤箱烘烤25分钟左右。脱模，散去余热。

11 将糖粉筛入搅拌盆，加入热水和柠檬汁，用打蛋器搅拌至光滑细腻的奶油状。用汤匙将其浇到步骤**10**中的蛋糕上。

你问我答
Q&A

白巧克力无法变成奶油状

这是因为隔水加热时，搅拌盆中混入了水。每次搅拌都要离开水面，以免水进入到搅拌盆中。

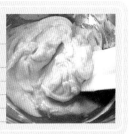

鸡蛋和牛奶松软可口的味道很令人怀念！

卡士达布丁
Custard Pudding

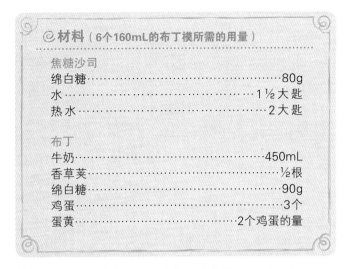

材料（6个160mL的布丁模所需的用量）

焦糖沙司
绵白糖·····································80g
水···1½大匙
热水·······································2大匙

布丁
牛奶·······································450mL
香草荚·····································½根
绵白糖·····································90g
鸡蛋·······································3个
蛋黄·······································2个鸡蛋的量

工具

锅/浅盘/搅拌盆/打蛋器/木刮刀/万用滤网/烤箱/烤盘/纸巾/宽刃刀/砧板/锡纸/汤匙

烤模

160mL的布丁模

3 从锅边开始泛出茶色，晃动小锅，使整个糖汁上色。

4 变成焦糖色后离火，加入热水，用木刮刀搅拌均匀。

＊温馨提示＊
注意加入热水时的水蒸气。顺着木刮刀倒入热水。

5 平均加入烤模。

1 制作焦糖沙司。在小锅中加入材料中规定分量的水，加入绵白糖，中火加热至绵白糖溶化。
●准备
将烤模摆在浅盘中。

2 沸腾后，不要晃动小锅，将糖汁煮浓。

6 将牛奶、香草荚的豆荚和种子以及绵白糖加入锅中，加热。

7 绵白糖完全溶化后，离火。

＊温馨提示＊
没有必要加热至沸腾。

8 将鸡蛋和蛋黄加入搅拌盆，用打蛋器搅拌混合。

＊温馨提示＊
不要打发起泡，只需左右移动打蛋器。

9 加入步骤**7**的材料，均匀混合。

10 过滤。

11 用纸巾除去浮在表面的泡沫。
●准备
将热水加热至沸腾。烤箱预热至150℃。

12 平均倒入步骤**5**的烤模中，用锡纸盖上。

13 相隔一定间距排列整齐，然后给浅盘注入1.5cm深的热水。放入150℃的烤箱烘烤40~45分钟。

14 完成烘烤后，烤模留在浅盘里，去掉锡纸，散去余热，然后移至冷藏室。

15 脱模时，先沾湿手指，然后沿着边缘轻轻按压一周，使布丁和烤模之间进入空气。翻过来倒在盘子里。

你问我答
Q & A

布丁上有好多小孔

烤箱温度过高、烘烤时间过长都会造成小孔的出现。视觉上不美观、口感也不好，所以务必注意烘烤时间和温度。

使用喜欢的面包做可口的甜点

水果面包布丁

所需时间	难易程度
70分钟	★

1 制作焦糖沙司、布丁液，散去余热。

2 将黄油置于室温下回温，薄薄地在吐司表面涂一层，容器内壁也要涂一层。

> **＊温馨提示＊**
> 选择喜欢的面包，硬面包也可以。

3 结合模具将吐司切成片并排列整齐。装饰上切成圆片的香蕉以及浆果。

4 浇上布丁液。

5 待吐司充分吸收布丁液，用锡纸盖住。
●准备
将烤箱预热至160℃。

6 移至160℃的烤箱烘烤15~20分钟。烘烤完成后，趁热蘸取焦糖沙司食用。

材料（2个11cm×18cm×3cm的容器所需的用量）

焦糖沙司			
绵白糖	80g	绵白糖	90g
水	1½大匙	鸡蛋	3个
热水	2大匙	蛋黄	2个鸡蛋的量
布丁		香蕉	1根
牛奶	450mL	喜欢的浆果	适量
香草荚	½根	吐司	2片
		无盐黄油	50g

工具

锅/搅拌盆/打蛋器/木刮刀/万用滤网/烤箱/烤盘/纸巾/宽刃刀/砧板/锡纸

烤模

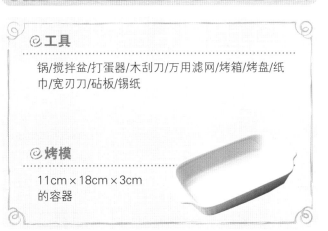

11cm×18cm×3cm的容器

南瓜天然的甘甜口感融化在舌尖

南瓜布丁
Pumpkin Pudding

所需时间	难易程度
130分钟	★★

※不含冷却时间

材料（1个长21.5cm、宽10.5cm、高5.5cm的椭圆形模所需的用量）

焦糖沙司
绵白糖············80g
水············1½大匙
热水············2大匙

布丁
南瓜（净重）············250g
红砂糖············30g
绵白糖············20g

肉桂粉············½小匙
玉米淀粉············1小匙
朗姆酒············1大匙
鸡蛋············1个
蛋黄············2个鸡蛋的量
牛奶············200mL
鲜奶油············50mL

工具

锅/蒸锅/浅盘/搅拌盆/打蛋器/木刮刀/橡皮刮刀/万用滤网/烤箱/烤盘/纸巾/宽刃刀/砧板/汤匙/锡纸/竹签

烤模

长21.5cm、宽10.5cm、高5.5cm的椭圆形模

108

1 制作焦糖沙司，倒入烤模并铺开（参照第105页）。

2 用汤匙取出南瓜瓤和种子，并切成适当大小。

3 放入蒸锅或微波炉加热至可以顺利插入竹签。

4 去皮，趁热用橡皮刮刀研磨成泥状。

5 将步骤**4**的材料、红砂糖、绵白糖、肉桂粉加入大号搅拌盆。

6 用打蛋器均匀混合。
●准备
混合鸡蛋和蛋黄。

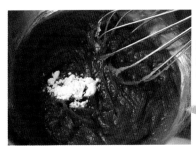

7 先后将玉米淀粉、朗姆酒、鸡蛋液、牛奶、鲜奶油加入步骤**6**的搅拌盆中，每次都要均匀混合。

＊温馨提示＊
通过加入玉米淀粉，做出更加细腻的口感。

8 将全部材料搅拌混合至光滑细腻的状态。
●准备
将烤箱预热至160℃。

9 过滤，并用纸巾除去浮在表面的泡沫。
●准备
煮沸热水，倒入浅盘。

10 将步骤**9**的材料倒入步骤**1**中的烤模。

11 放在装有热水的浅盘中，盖上锡纸，移至160℃的烤箱烘烤40分钟左右。散去余热，移至冷藏室。

你问我答
Q&A

过滤了，面糊却依然不够细腻！

南瓜如果没有充分做熟，则无法与其他材料均匀地混合在一起。一定要做熟至竹签能够顺利地刺穿南瓜。

巧克力慕斯蛋糕
Chocolate Mousse

所需时间	难易程度
140分钟	★★

※不含冷却时间

材料（12个直径6cm的慕斯模所需的用量）

可可海绵蛋糕

鸡蛋	2个
绵白糖	55g
低筋面粉	50g
可可粉	10g
无盐黄油	20g

糖浆（标准分量）

水	100mL
细砂糖	50g
大马尼埃酒	适量

巧克力慕斯

鲜奶油	300mL
甜巧克力	160g
牛奶	60mL
细砂糖	30g
蛋黄	2个鸡蛋的量

打发鲜奶油（标准分量）

鲜奶油	100mL
绵白糖	10g
薄荷叶	适量

工具

锅/搅拌盆/电动打蛋器/打蛋器/橡皮刮刀/粉筛/烘焙用纸/铁棍（切薄片用）2根（厚约1cm）/烤箱/烤盘/毛刷/抹刀/蛋糕切刀/裱花袋/夹子/直径15mm的圆形裱花嘴/温度计/垫布/竹签

烤模

直径6cm的慕斯模

1 制作可可海绵蛋糕，切成3片（参照第37~41页）。用慕斯模按压。一片海绵蛋糕可以做4个慕斯蛋糕，一共可以做12个。

●准备
做糖浆。

2 在烤盘中铺上烘焙用纸，慕斯模中放好蛋糕，在表面涂一层糖浆。

3 用50~55℃的热水隔水熔化巧克力。

●准备
将300mL鲜奶油搅打至6分发，放入冷藏室。

> * 温馨提示 *
> 如果巧克力不是药片状，先把它切碎。

4 将蛋黄、细砂糖、牛奶放入搅拌盆。

5 直接加热或者放入盛有热水的锅中隔水加热，同时不断用打蛋器搅拌。

> * 温馨提示 *
> 一边留意不要让高温把鸡蛋凝住，一边将材料打发至出现黏稠感。

6 离开热源，用电动打蛋器混合。

> * 温馨提示 *
> 混合至搅拌盆完全冷却，材料表面可留下电动打蛋器划过的痕迹。

7 加入步骤3中的巧克力，用橡皮刮刀快速混合。

8 将鲜奶油取出冷藏室，搅打至7分发。加入约⅓的量，用打蛋器快速混合。

9 8成混合后，加入剩余的奶油，使用同样的方法混合。

> * 温馨提示 *
> 大致混合后，换成橡皮刮刀，搅拌至没有颗粒状。

10 挤入步骤2的慕斯模中。

●准备
制作装饰用的打发鲜奶油。

> * 温馨提示 *
> 裱花袋不装裱花嘴也可以。装入材料时，用夹子夹住袋口即可。

11 用抹刀将表面抹平，放入冷藏室2小时以上。脱模，放入盘子，装饰上打发鲜奶油和薄荷叶。

你问我答
Q & A

巧克力变硬了！

隔水加热时，水温过高，熔化的巧克力将会粗涩地粘到盆底上。如此一来，搅拌盆就无法均匀地受热了。

使用杧果泥轻松做出奢侈的美味

杧果鲜奶冻
Mango Bavarian Cream

所需时间	难易程度
90分钟	★

※不含冷却时间

📎材料（6个90mL的冻模所需的用量）

明胶片	6g
朗姆酒	25mL
杧果泥	200g
柠檬汁	2大匙
细砂糖	15g
鲜奶油	100mL
纯酸奶	100g

📎工具

锅/搅拌盆/浅盘/打蛋器/橡皮刮刀/茶筛/温度计

📎烤模

90mL的冻模

1 用足量的水将明胶片泡涨，除去水分。

● 准备
将冻模排列在浅盘中。

2 将鲜奶油搅打至6分发，使用前放入冷藏室。

3 在小锅中加入朗姆酒、一半杜果泥、柠檬汁、细砂糖，加热溶化。

温馨提示
不必加热至沸腾。

4 离火后，加入明胶片，用余热混合熔化。

5 和剩余的杜果泥一起移至搅拌盆。放在冰水上降温，直至出现黏稠感。

6 加入纯酸奶，搅拌混合。

7 加入步骤**2**中的鲜奶油，用同样的方法混合至块状物消失。

8 倒入模具，放入冷藏室2小时以上，冷却凝固。

9 脱模时，先快速在60℃的热水中浸一下。

10 沿杜果鲜奶冻边缘按压一周，使空气进入果冻和模具之间的空隙。

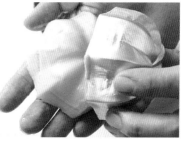

11 扣在手掌心上，轻轻按压模具，取出杜果鲜奶冻。

你问我答
Q&A

杜果鲜奶冻没有成形！

脱模时，浸入的热水温度过高，可能会熔化甜点，从而破坏其美好的外形。60℃的水温最合适。

虽然奶油很多，却回味清爽！

牛奶杏仁冻
Blancmange

所需时间	难易程度
100分钟	★

※不含冷却时间

1 将杏仁片和水放入锅中，贴着表面覆一层保鲜膜，放入冷藏室一个晚上。

2 一边用捣碎器碾压杏仁片，一边中火加热，直至水变白。
●准备
将明胶片浸入足量的水中泡涨。

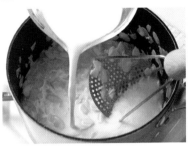

3 沸腾后加入牛奶，改用文火加热。一边碾压杏仁片，一边加热15~20分钟。
●准备
将鲜奶油和甜炼乳一起搅打至6分发，放入冷藏室。

4 过滤，使液体流到搅拌盆内。如果分量不足，加入牛奶，使搅拌盆内的液体达到280mL。

> * 温馨提示 *
> 用橡皮刮刀按压滤网上残留的杏仁片，挤出水分。

5 趁着搅拌盆里的液体还是热的，加入绵白糖和泡涨的明胶片，搅拌混合后，用茶筛等再次过滤一遍。

6 将搅拌盆放在冰水上使其冷却。

> * 温馨提示 *
> 用手指蘸取果冻液时觉得凉的时候，停止冷却。

7 加入鲜奶油和甜炼乳，用打蛋器搅拌至没有块状物。

8 在果冻液出现黏稠感后，倒入模具中，8分满即可。放入冷藏室2小时以上使其凝固。

> * 温馨提示 *
> 打蛋器的痕迹可以停留一小会儿，此种程度的黏稠感正好。

9 将切成4瓣的去蒂草莓和其他浆果放入搅拌盆。

> * 温馨提示 *
> 草莓之外的浆果，冷冻后使用更可口。

10 将覆盆子酱及以下的材料放到小锅中加热，煮沸后立即离火，趁热浇在步骤9的浆果上。

11 贴着盆中的材料覆上保鲜膜，散去余热后移至冷藏室。将步骤8中的牛奶杏仁冻脱模，放到盘子上，加入步骤10中的果酱和浆果，并装饰上薄荷叶。

你问我答 Q&A

为什么牛奶杏仁冻变成两层了？

如果步骤8中没有搅拌出足够的黏稠感，冷却时果冻液很容易分开，从而分层。将搅拌盆放在冰水上进行搅拌混合，可以出现黏稠感。

用略浓的咖啡，做出大人喜欢的口感
甜炼乳咖啡冻

Coffee Jelly with Condensed Milk

※不含冷却时间

所需时间	难易程度
20分钟	★

1 用足量的水将明胶片泡涨。

2 沏略浓的咖啡。

＊温馨提示＊
不是速溶咖啡，而是普通咖啡。可以使用咖啡豆。

3 趁热加入泡涨的明胶片，混合溶化。

4 过滤。

5 加入咖啡利口酒，倒入密闭食品容器，放入冷藏室2小时待其完全凝固。

6 用汤匙一边捣碎咖啡冻，一边将其舀到相应的容器中，食用时加点甜炼乳。

材料（成品略多于500g）

明胶片	13g
咖啡	500mL
咖啡利口酒	2大匙
甜炼乳	适量

工具

搅拌盆/木刮刀/万用滤网/茶筛/沏咖啡的工具/密闭食品容器/汤匙

白葡萄酒的香味封住了水灵的葡萄

白葡萄酒巨峰葡萄冻

White Wine & Grape Jelly

※不含冷却时间

所需时间	难易程度
30分钟	★

1 用足量的水将明胶片泡涨。

2 将葡萄去皮，使用前放入冷藏室冷却。

> * 温馨提示 *
> 冷却后，甜品容易凝固。

3 将白葡萄酒、细砂糖、柠檬汁放入锅中加热。

4 煮沸后立即离火，加入泡涨的明胶片，用余热混合溶化。

5 将步骤**4**的材料过滤到搅拌盆中。

6 加入材料中规定分量的水。将搅拌盆放在冰水上，不断用橡皮刮刀搅拌，直至出现黏稠感。

7 出现黏稠感后，加入葡萄。

8 葡萄沉到果冻液中以后，倒到玻璃杯中。

> * 温馨提示 *
> 葡萄沉到果冻液中以后再倒到玻璃杯里面。果冻液一旦开始凝固，就会迅速凝固，所以动作一定要快。

9 用竹签按压葡萄，使葡萄停留在最佳位置。葡萄位置固定以后，放入冷藏室2小时左右使其凝固。

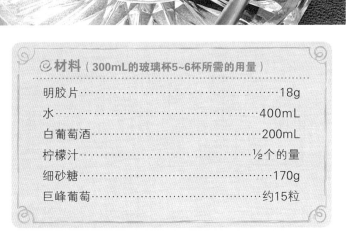

材料（300mL的玻璃杯5~6杯所需的用量）

明胶片	18g
水	400mL
白葡萄酒	200mL
柠檬汁	½个的量
细砂糖	170g
巨峰葡萄	约15粒

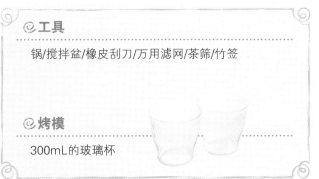

工具

锅/搅拌盆/橡皮刮刀/万用滤网/茶筛/竹签

烤模

300mL的玻璃杯

香草冰激凌

Vanilla Icecream

所需时间	难易程度
60分钟	★★

※不含冷冻时间

◎材料（成品略多于500g）

蛋黄	3个鸡蛋的量
细砂糖	75g
牛奶	200mL
鲜奶油	200mL
香草荚	½根
香叶芹	适量

◎工具

锅/搅拌盆/打蛋器/木刮刀/橡皮刮刀/万用滤网/宽刃刀/砧板/冰激凌机或食品粉碎搅拌机/密闭食品容器

1 将蛋黄和细砂糖放入搅拌盆，用打蛋器搅拌成白色。

2 将牛奶、鲜奶油、香草荚的豆荚和种子放入锅中，加热至即将沸腾。

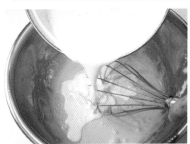

3 将步骤2中的材料的一半倒入步骤1中的搅拌盆。

4 用打蛋器快速混合。

5 将步骤4的材料倒入原来的锅中。

6 一边不断用木刮刀搅拌，一边文火加热，直至出现黏稠感。

7 在木刮刀上残留的液体表面画一条线，如果留下痕迹，则浓稠度正好。

8 过滤到搅拌盆中。

9 将搅拌盆放在冰水上，用橡皮刮刀混合并使其充分冷却。

10 倒在冰激凌机里。

＊温馨提示＊
没有冰激凌机时，可以倒在浅盘中，移至冷冻室冷冻，然后倒入食品粉碎搅拌机。

11 将冰激凌移至密闭食品容器等洁净的容器中，放入冷冻室2小时左右使其完全凝固。盛到盘子里，并装饰上香叶芹。

你问我答
Q & A

吃起来硬硬的！

倒入冰激凌机或食品粉碎搅拌机时，搅拌混合的时间不够，就无法变成光滑细腻的奶油状。

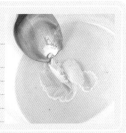

水果酸奶冰棍

Fruit Joghurt & Honey Popsicles

所需时间	难易程度
30分钟	★★

※不含冷冻时间

1 将酸奶去除水分，净重50g。

温馨提示
脱水后，酸奶重量大约减少一半，所以需要准备规定分量2倍的酸奶。

2 将各种浆果以及酸奶、蜂蜜放入食品粉碎搅拌机，搅拌至细腻状。

温馨提示
使用其他水果时，也按这个用量，切成粗粒、冷冻后使用。

材料（8个150mL的冰棍模所需的用量）

各种浆果	150g
纯酸奶（脱水）	50g
蜂蜜	50g

3 装入裱花袋，挤入模具。

工具

食品粉碎搅拌机/茶筛/裱花袋/夹子/冰棍用小木棒

烤模

150mL的冰棍模

4 插入冰棍用小木棒，放入冷冻室2小时使其完全凝固。

5 脱模时，模具放在温水中温一下，然后脱模。

第 **4** 章

派、挞、泡芙和
巧克力甜点

材料（6个3cm × 10cm的千层派所需的用量）

派皮（标准分量）		卡士达奶油	
低筋面粉	130g	低筋面粉	30g
高筋面粉	30g	玉米淀粉	20g
食盐	½小匙	绵白糖	80g
无盐黄油	25g	蛋黄	5个鸡蛋的量
冷水※	65~85mL	牛奶	500mL
无盐黄油（折		香草荚	1根
叠用）	140g	无盐黄油	40g
		喜欢的	
※冷水的分量因粉类和房		利口酒	1~1½大匙
间的温度而改变		糖粉	适量

工具

锅/搅拌盆/浅盘/打蛋器/橡皮刮刀/刮板/擀面杖/叉子/粉筛/万用滤网/茶筛/规尺/烤箱/烤盘/宽刃刀/砧板/派刀/蛋糕切刀/裱花袋/裱花嘴（直径8mm、圆形）/保鲜膜

1 将派皮用高筋面粉、低筋面粉、食盐筛入大号搅拌盆，加入冷却的黄油，一边涂抹上粉类，一边用刮板将其切碎。

2 用指腹捏碎黄油颗粒，使其和粉类混合在一起。

> **＊温馨提示＊**
> 如果黄油熔化了，可以连同搅拌盆一起放入冷藏室冷却一段时间。

3 加入冷水，用叉子将盆里的材料均匀混合并归拢到一起。

> **＊温馨提示＊**
> 先加入65mL冷水，如果没能湿遍所有材料，再一点点补充冷水。

4 用手掌根部用力按压面团，将其和成一团。

5 揉成一个圆团后，表面切一个深"十"字，包上保鲜膜。放入冷藏室醒发2小时以上。

6 将折叠派皮用的黄油放到操作台上，扑面后用擀面杖将其拍打成10cm×10cm的正方形。包上保鲜膜，放入冷藏室。

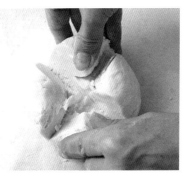

7 将步骤**5**的面团放到操作台上，拨开深切的"十"字，向四周按压。

8 中心部分略厚，四周用擀面杖擀压平整。大小以能包住黄油为宜。

＊温馨提示＊
如果面皮粘在擀面杖上，可以撒一些面粉。

9 在正中心放上步骤**6**中的黄油，用面皮的四个角将其包住。

10 用手指捏面皮边缘接合处，使其粘在一起。

11 用擀面杖将其擀成原来长度的3倍。

12 拂掉表面多余的干粉，将派皮向前折⅓。

13 另一端也向前折⅓。

＊温馨提示＊
这是第一次折成三折。

14 将派皮旋转90°。

15 再次将其擀成原来长度的3倍，用同样的方法折三折。

16 在派皮上摁2个指印，帮助记忆折叠次数。

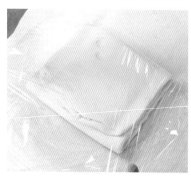

17 包上保鲜膜，放入冷藏室醒发2小时。重复步骤**11~17**，再次放入冷藏室醒发2小时。然后再次重复步骤**11~17**，放入冷藏室醒发1小时。如此重复4次三折的步骤。

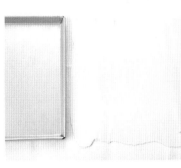

18 将面团放到操作台上，用擀面杖将其擀压成厚2mm、比烤盘略大的派皮。
●准备
制作卡士达奶油（参照第27页）。

> ＊温馨提示＊
> 多余的派皮可以用来制作乳酪酥皮棒。

19 用擀面杖卷起派皮，将其铺到烤盘中。

20 切掉边缘多余的派皮。

21 用叉子在表面扎气孔。
●准备
将烤箱预热至200℃。

22 放上同尺寸的烤盘，做压派石用。放入200℃的烤箱烘烤15~18分钟。拿掉上面的烤盘，继续烘烤5分钟，将派皮的颜色烤得恰到好处。

23 完成烘烤后，散去余热，然后将其3等分，并将其中一份平均切成6块。

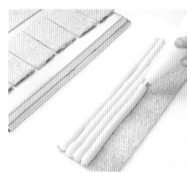

24 将卡士达奶油放入搅拌盆，加入喜欢的利口酒，用打蛋器将其搅拌成细腻的奶油状。装入裱花袋，挤到3等分的派皮上。

25 盖上另一块3等分的派皮，再次挤上卡士达奶油。

26 将切成小块的派皮反面朝外逐一放在奶油上，撒上糖粉。沿着最上方的派皮将下面的2块派皮切成小块。

> ＊温馨提示＊
> 因为最上方的派皮可以作为入刀的记号，所以非常容易6等分。

你问我答
Q&A

折叠时黄油溢出来了！

室温过高，用派皮包黄油时，黄油很容易熔化。如此一来，派皮无法充分膨胀，进而变硬。可以将派皮放在烤盘上，移入冷藏室放置一段时间。

美国的经典甜点

苹果派
Apple Pie

所需时间	难易程度
100分钟	

※不含醒发时间

126

材料（1个直径18cm的派盘所需的用量）

派皮

高筋面粉·············25g	肉桂粉·············½小匙
低筋面粉·············100g	肉豆蔻·············¼小匙
食盐·············¼小匙	无盐黄油·············15g
无盐黄油·············65g	玉米淀粉·············1大匙
奶油起司·············25g	白兰地·············1大匙
冷水※·············15~22.5mL	
	鸡蛋液·············少量

馅料

苹果·············3个	※ 冷水的分量因粉类和房
红砂糖·············45g	间的温度而改变
柠檬汁·············½个的量	

工具

锅/搅拌盆/浅盘/木刮刀/刮板/叉子/擀面杖/粉筛/规尺/烤箱/烤盘/宽刃刀/砧板/派刀/毛刷/裱花嘴（直径8mm、圆形）/保鲜膜

烤模

直径18cm的派盘

1 将苹果去皮、去核，"米"字形切成8块，然后放平切成2~3mm厚的薄片。放入大锅中，和红砂糖、肉桂粉、肉豆蔻、柠檬汁混合，常温放置30分钟以上。

2 加热煮沸，从苹果片中煮出汁。加入黄油，一边搅拌混合，一边继续加热5~6分钟。煮干苹果的水分。

3 充分去除水分之后，加入白兰地和玉米淀粉混合液，使材料出现浓稠感。移至浅盘中，散去余热。

4 将粉类、食盐筛入大号搅拌盆，均匀混合。加入冷却的黄油和奶油起司，用刮板切成碎块。

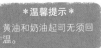
温馨提示
黄油和奶油起司无须回温。

5 在黄油和奶油起司变成黄豆大小的颗粒后，用指腹将其和面粉揉捏在一起，变成干干的粉起司。

温馨提示
如果黄油熔化，再次放入冷藏室一段时间。

6 加入冷水，用叉子将盆内的材料归拢到一起。然后，用手掌根部用力按压面糊，将其和成面团。

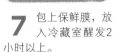
温馨提示
冷水分量的调节参照第123页步骤 3。

7 包上保鲜膜，放入冷藏室醒发2小时以上。

127

8 将面团放在操作台上，平均切成2份。一份再次包上保鲜膜放入冷藏室，另一份擀压成厚约3mm、略大于派盘的派皮。

9 将派皮铺在派盘上，倒上馅料，暂时移至冷藏室。

10 将另一份面团擀压成厚约2mm的派皮，然后切成宽1.5cm的条状。

11 派皮边缘涂半圈鸡蛋液。以开始涂抹鸡蛋液的地方为起点，将步骤10中的条状派皮排成格子状。

12 排列横向派皮时，纵向派皮隔一个掀起来，然后放上横向派皮。

13 放下掀起来的纵向派皮。

14 重复步骤12、13，像编竹篮一样排列条状派皮。

15 掀起边缘的派皮，给没有涂抹鸡蛋液的地方涂上鸡蛋液。放下派皮，轻轻按压派皮边缘，使其粘在一起。
●准备
将烤箱预热至200℃。

16 切除超出派盘边缘的派皮，在表面涂一层鸡蛋液。用直径8mm的圆形裱花嘴把切除的派皮贴到边缘上。放入200℃的烤箱烘烤10分钟，然后将温度调成180℃烘烤40~45分钟。

你问我答
Q&A

烘烤出来的苹果派黏糊糊的！

这是因为，在烘烤的过程中，馅料出水了。苹果充分去除水分之后，用玉米淀粉做出浓稠感。如图所示，没有去除水分便加入玉米淀粉，是很容易导致失败的。

第4章＼派、挞、泡芙和巧克力甜点

●苹果派

使用苹果派和千层派剩下的派皮

乳酪酥皮棒

所需时间	难易程度
40分钟	★

1 将多余的派皮和成一团，重新擀压成厚约3mm的派皮。表面涂一层鸡蛋液。

> *温馨提示*
> 千层派多出的派皮和苹果派多出的派皮皆可。

2 撒上帕马森起司和喜欢的香料和香草。

3 切成喜欢的大小，放在烤盘中。移至180℃的烤箱烘烤15~20分钟，烤出喜欢的颜色。

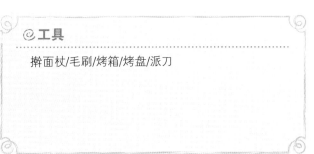

材料

多余的派皮	适量
鸡蛋液	适量
帕马森起司	适量
喜欢的香料和香草	适量

工具

擀面杖/毛刷/烤箱/烤盘/派刀

松脆的甜点里藏满了酸酸甜甜的馅料

樱桃派
Cherry Pie

所需时间	难易程度
150分钟	★★★

※不含醒发时间

❧材料（1个直径18cm的派盘所需的用量）

派皮
高筋面粉·············25g
低筋面粉············100g
食盐···············¼小匙
无盐黄油············65g
奶油起司············25g
冷水·········15~22.5mL

馅料
罐装黑
樱桃果······1罐（约220g）

罐装酸
樱桃果······1罐（约220g）
罐装樱桃汁
（混合）·········150mL
绵白糖············100g
香草荚··············1根
柠檬汁···········20mL
玉米淀粉···········30g
马拉斯加
樱桃酒···········2大匙
鸡蛋液···········少量

❧工具

锅/搅拌盆/木刮刀/橡皮刮刀/刮板/叉子/擀面杖/粉筛/烤箱/烤盘/宽刃刀/砧板/抹刀/毛刷/保鲜膜/装饰用压模/竹签

❧烤模

直径18cm的派盘

1 将樱桃的果肉和果汁分离，两种果汁合起来大约150mL。果肉去除水汽，加入搅拌盆。

2 用柠檬汁和马拉斯加樱桃酒混合拌匀玉米淀粉。

3 在锅中加入步骤1中的果汁、绵白糖、香草荚的豆荚和种子，加热至沸腾。

> ***温馨提示***
> 用过的香草荚也可以。

4 将步骤2中的材料加入步骤3的锅中，一边用木刮刀搅拌混合，一边将其煮成奶油状。

> ***温馨提示***
> 以材料变得清透且呈浓稠状为宜。

5 离火，取出豆荚，将其余材料倒入装有樱桃果肉的搅拌盆中。用橡皮刮刀搅拌混合至块状物消失，然后紧贴着馅料覆上保鲜膜，散去余热。

6 将面团擀压成2片略大于派盘的派皮，1片铺在派盘上。
● 准备
提前制作面团（参照第127、128页）。

7 倒入馅料，边缘涂上鸡蛋液。

8 盖上另一片派皮，以鸡蛋液为黏合剂，将两块派皮的边缘紧紧粘在一起。

9 用抹刀切掉超出烤盘边缘的派皮，将其和成一团重新擀压，用压模压出装饰用的派皮。

10 在步骤8中的派皮表面涂一层鸡蛋液，然后粘上装饰用的派皮。
● 准备
将烤箱预热至180℃。

11 用竹签刺出气孔，放入180℃的烤箱烘烤60~70分钟。散去余热，脱模。

> ***温馨提示***
> 樱桃派的外形很容易被破坏，脱模时需要借助抹刀。

你问我答 Q&A

樱桃派一点儿也不松脆？

原因是在粉类中切碎黄油时，黄油熔化了。黄油熔化的原因有很多种，如室温过高、切的时间过长等。可以再次放回冷藏室一段时间。

香蕉清新的甜味和浓厚的焦糖酱缠绕在一起

焦糖香蕉派

Caramel Banana Pie

所需时间	难易程度
150分钟	★★★

※不含醒发时间

📖 材料（1个直径18cm的派盘所需的用量）

派皮
高筋面粉······50g	玉米淀粉······10g	水·········50mL
低筋面粉······100g	绵白糖······40g	鲜奶油······100mL
食 盐······¼ 小匙	蛋黄···3个鸡蛋的量	
无盐黄油······125g	牛奶······250mL	**打发鲜奶油**
奶油起司······50g	香草荚······1根	鲜奶油······200mL
冷水···25~30mL	无盐黄油······25g	绵白糖······20g
	朗姆酒······1大匙	
卡士达奶油		香蕉······3~4根
（标准分量）	**焦糖酱**	薄荷叶·········适量
	（标准分量）	
低筋面粉······20g	绵白糖······100g	

📖 工具

锅/搅拌盆/木刮刀/刮板/叉子/擀面杖/粉筛/烤箱/烤盘/压派石/烘焙用纸/宽刃刀/砧板/抹刀/保鲜膜

📖 烤模

直径18cm的派盘

1 制作焦糖酱。将100mL鲜奶油放入锅或微波炉中加热。

2 在小锅中放入100g绵白糖和50mL水加热，变为糖浆后继续加热，将其煮成浓浓的焦糖色。充分上色后，加入温热的鲜奶油。

> * 温馨提示 *
> 注意不断冒出来的热蒸汽。顺着木刮刀倒奶油，避免手和脸碰到蒸汽。

3 搅拌均匀后离火，散去余热，移至冷藏室冷却。

4 制作派皮（参照第127、128页）。派皮略大于派盘，铺好。

5 沿着派盘边缘切掉多余的派皮。

● 准备
将烤箱预热至180℃。

6 用叉子在派皮表面刺上细密有致的气孔，铺上烘焙用纸，放上压派石，移至180℃的烤箱烘烤20分钟左右。取出，拿掉烘焙用纸和压派石，继续烘烤8分钟，散去余热。

7 香蕉留一部分用作装饰，其余切成适当大小，在派上排列一圈。

8 制作卡士达奶油（参照第27页），趁热浇上。将表面抹平，包上保鲜膜，散去余热，移至冷藏室充分冷却。

9 取1大匙步骤3中的焦糖酱，粗粗地涂抹在冷却后的卡士达奶油上。

10 用鲜奶油和绵白糖制作7分发的打发鲜奶油（参照第26页），用抹刀涂到派上，并做出旋涡花样。

11 将装饰用的香蕉切成圆片，和焦糖酱、薄荷叶一起装饰在表面。

你问我答
Q&A

没有焦糖的味道

焦糖在焦化的过程中会产生独特的苦味。如果没有充分焦化，焦糖就会变成没有苦味的模糊味道。

清爽的柠檬味融化了蛋白霜的甜味

柠檬蛋白酥派

Lemonmeringue Pie

所需时间	难易程度
150分钟	★★★

※不含醒发时间

◎材料（12个直径7.5cm的派模所需的用量）

派皮
高筋面粉·············25g
低筋面粉·············100g
食盐···············¼小匙
无盐黄油·············65g
奶油起司·············25g
冷水···········15~22.5mL

卡士达奶油（标准分量）
低筋面粉·············20g
玉米淀粉·············20g
绵白糖···············50g

蛋黄···········3个鸡蛋的量
牛奶···············250mL
香草荚···············½根
无盐黄油·············25g
柠檬皮屑···········1个的量
柠檬汁···············适量

蛋白霜
蛋白
·······3个鸡蛋的量（120g）
细砂糖···············120g

糖粉···············适量

◎工具

锅/搅拌盆/浅盘/电动打蛋器/打蛋器/木刮刀/刮板/叉子/擀面杖/粉筛/茶筛/烤箱/烤盘/压派石/烘焙用纸/冷却架/宽刃刀/砧板/裱花袋/裱花嘴（直径10mm、圆形，直径13mm、圆形）/抹刀/保鲜膜/直径10cm的慕斯模

◎烤模

直径7.5cm的派模

1 制作派皮（参照第127、128页），铺在烤模上。盖上烘焙用纸，放上压派石，移至180℃的烤箱烘烤15~20分钟。拿走压派石、烘焙用纸，继续烘烤5~6分钟，散去余热。

2 制作卡士达奶油（参照第27页），包上保鲜膜冷却。

3 用打蛋器搅拌混合至光滑细腻的奶油状。

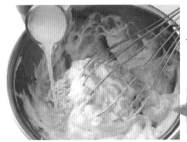

4 加入柠檬皮屑和柠檬汁，均匀混合。

> ***温馨提示***
> 柠檬汁分次一点点加入，每次都要均匀混合。

5 装入装有直径10mm的圆形裱花嘴的裱花袋，挤到步骤1中的派上。

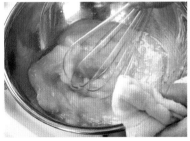

6 将蛋白和细砂糖放入搅拌盆，均匀混合后隔水加热或直接加热。不断用打蛋器搅拌，以免受热不均。加热至50℃左右。

7 离火，用电动打蛋器打发起泡。

8 打发至蛋白霜富有光泽为止。

9 装入装有直径13mm的圆形裱花嘴的裱花袋，挤到派上。
● 准备
将烤箱预热至210℃。

10 用茶筛筛上糖粉，放入210℃的烤箱，将蛋白霜的表面烤干。

11 烘烤2.5分钟左右，蛋白霜轻微上色，从烤箱中取出。散去余热，放入冷藏室冷却。

你问我答 Q&A

为什么蛋白霜无法打发?

混入水分或油渍，蛋白霜将无法打发起泡。所以，使用前一定要确保搅拌盆内没有水渍、油渍等污渍，如此方可完美打发蛋白霜。

甘薯派
Sweet Potato Pie

所需时间	难易程度
130分钟	★ ★

※不含醒发时间

🌀材料（4~5个5cm × 20cm的甘薯派所需的用量）

派皮
高筋面粉	25g
低筋面粉	100g
食 盐	¼ 小匙
无盐黄油	65g
奶油起司	25g
冷水	15~22.5mL

馅料
甘薯	400g
绵白糖	60g
无盐黄油	15g
鲜奶油	50mL
蛋黄	1个鸡蛋的量
香草精	少量
朗姆酒	2小匙
鸡蛋液	适量

🌀工具

锅/搅拌盆/耐热盆/打蛋器/木刮刀/橡皮刮刀/刮板/叉子/擀面杖/粉筛/烤箱/烤盘/烘焙用纸/宽刃刀/砧板/派刀/规尺/毛刷/保鲜膜/竹签

1 甘薯用水洗净，连皮切厚1.5~2cm的薄片。放入耐热盆，覆上保鲜膜，用微波炉加热8~10分钟，以能顺畅地刺入竹签为宜。

2 趁热去皮，放入大锅中，用叉子粗粗地捣碎。
●准备
将15g黄油置于室温下回温备用。

3 将绵白糖加入15g回温的黄油中，用橡皮刮刀混合后，再用打蛋器搅拌混合至光滑细腻的奶油状。

4 将步骤**3**中的材料加入步骤**2**的锅中，混合后依次加入鲜奶油、香草精、蛋黄、朗姆酒，每次都要均匀混合。

5 中火加热，不断用木刮刀搅拌。随着水分的蒸发，馅料不再黏糊糊的，变成一大团。离火，散去余热。

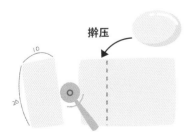

擀压

6 制作派皮（参照第127、128页）。在操作台上撒一些干面粉，将面团擀压成厚约3mm的派皮，切成10cm×20cm的条状。共有4~5条。

7 根据条状派皮的数目，将步骤**5**中的馅料4~5等分，揉捏成长条，放在条状派皮的右侧。

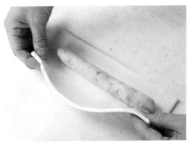

8 在边缘涂上鸡蛋液，将左侧派皮折过来包住馅料。

9 将边缘对齐，用叉子按压，使其紧紧黏合在一起。
●准备
将烤箱预热至180℃。

10 另一边也用叉子压出纹理。

11 在表面涂上鸡蛋液，放在烤盘上，移至180℃的烤箱烘烤30~35分钟。

你问我答
Q & A

派皮破了！

派皮过于柔软的话，很容易破。所以，在包裹馅料之前一定要检查一下派皮。如果过于柔软，一定要放入冷藏室冷却一段时间。

杏仁丰富的口感，好一个法国传统甜点

法式杏仁挞

Amandine

所需时间	难易程度
120分钟	★★

※不含醒发时间

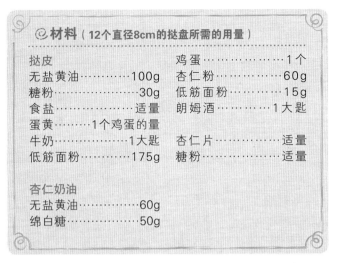

◎材料（12个直径8cm的挞盘所需的用量）

挞皮
无盐黄油…………100g
糖粉…………………30g
食盐…………………适量
蛋黄………1个鸡蛋的量
牛奶………………1大匙
低筋面粉…………175g

鸡蛋…………………1个
杏仁粉………………60g
低筋面粉……………15g
朗姆酒……………1大匙
杏仁片………………适量
糖粉…………………适量

杏仁奶油
无盐黄油……………60g
绵白糖………………50g

◎工具

搅拌盆/电动打蛋器/橡皮刮刀/擀面杖/粉筛/茶筛/烤箱/烤盘/烘焙用纸/抹刀/冷却架/裱花袋/夹子/压派石/保鲜膜/直径10cm的慕斯模/汤匙

◎烤模

直径8cm的挞盘

3 分2次加入牛奶，每次都要均匀混合。

4 加入过筛的低筋面粉，用橡皮刮刀快速混合。

＊温馨提示＊
橡皮刮刀直直地切入材料进行混合。

5 变成干干的肉松状后，用手掌根部用力将材料按向搅拌盆，将其和成一团。

＊温馨提示＊
开始时，手上会粘到面糊，慢慢地就会和到一起。

1 制作挞皮。将100g回温的黄油放入搅拌盆，加入糖粉、食盐，用电动打蛋器搅拌混合至光滑细腻的奶油状。

6 包上保鲜膜，放入冷藏室醒发2小时以上。

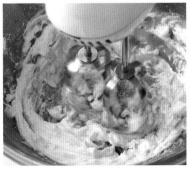

2 加入蛋黄，搅拌至材料完全融合在一起。

7 在操作台上撒上干面粉，用擀面杖将面团擀压成厚约3mm的挞皮。用慕斯模压出比挞盘略大的圆形挞皮。

8 将圆形挞皮放入挞盘。

9 切掉四周多余的挞皮。放入冷藏室2小时以上。

10 将烘焙用纸铺到挞皮上，并放上压派石，移至180℃的烤箱烘烤20分钟。拿走压派石和烘焙用纸，继续烘烤5分钟，散去余热。

11 制作杏仁奶油。将60g回温的黄油和绵白糖放入搅拌盆，用电动打蛋器搅拌混合至奶油状。

12 分2次加入鸡蛋液，每次都要均匀混合。

13 将杏仁粉和低筋面粉一起筛入搅拌盆。

14 混合至粉状颗粒消失。加入朗姆酒，继续混合。

15 装入没有裱花嘴的裱花袋，挤到挞上，用汤匙的背面将其涂抹平整。
●准备
将烤箱预热至160℃。

16 放上杏仁片，移至160℃的烤箱烘烤25分钟左右，杏仁挞变成了诱人的颜色。完成烘烤后，散去余热，脱模，撒上糖粉。

你问我答
Q&A

挞皮没有烤熟！

要事先将挞皮烘烤一番。因为馅料较厚，如果只烘烤一次的话，底部可能无法充分受热。将挞皮专门烘烤一番，烘烤出来的法式杏仁挞底部也会充分上色。

杏肉酸酸甜甜的口感为杏仁奶油锦上添花!

杏肉挞

所需时间	难易程度
120分钟	★★

※不含醒发时间

1 将干杏肉、水、白葡萄酒加入锅中，加热至沸腾，然后加入细砂糖。再次沸腾后，去除浮在表面的杂质，文火加热2~3分钟。

2 倒入搅拌盆，慢慢待其散去余热，使干杏肉吸收汤汁的味道。
● 准备
制作挞皮（参照第139页）。

3 将挞皮铺到挞盘上，按照法式杏仁挞的方法烘烤。制作杏仁奶油（参照第140页）。

4 挞皮散去余热后，挤上杏仁奶油。
● 准备
将烤箱预热至160℃。

5 将去除汤汁的杏肉蜜饯排列在奶油上，然后移至160℃的烤箱烘烤30~35分钟。在挞盘中散去余热。

> *温馨提示*
> 如果很在意烧焦的痕迹，可以在表面覆上锡纸。

6 将杏果酱和少量白兰地倒入小锅，加热至沸腾后立即离火。趁热用毛刷涂在杏肉挞的表面。

> *温馨提示*
> 这是为了增加杏肉挞的光泽并防止其变干，烘烤后立即食用的话不必涂抹。

材料（1个直径18cm的挞盘所需的用量）

挞皮		杏仁粉	60g
无盐黄油	100g	低筋面粉	15g
糖粉	30g	白兰地	1大匙
食盐	适量		
蛋黄	1个鸡蛋的量	杏肉蜜饯	
牛奶	1大匙	干杏肉	200g
低筋面粉	175g	水	200mL
		白葡萄酒	100mL
杏仁奶油		细砂糖	75g
无盐黄油	60g		
绵白糖	50g	杏果酱	适量
鸡蛋	1个	白兰地	少量

工具

锅/搅拌盆/电动打蛋器/橡皮刮刀/除杂质网/擀面杖/粉筛/烤箱/烤盘/烘焙用纸/抹刀/冷却架/裱花袋/夹子/压派石/保鲜膜/锡纸/毛刷

烤模

直径18cm的挞盘

细腻的巧克力是亮点

巧克力挞

Chocolate Tart

所需时间	难易程度
150分钟	★ ★ ★

※不含醒发时间

材料（1个直径20cm的挞盘所需的用量）

可可挞皮
无盐黄油·············100g
糖粉··················30g
食盐··················适量
蛋黄··········1个鸡蛋的量
牛奶·················1大匙
低筋面粉·············160g
可可粉···············15g

馅料
蛋黄··········2个鸡蛋的量
鲜奶油··············175g
甜巧克力············125g
牛奶巧克力···········50g
无盐黄油·············35g

可可粉···············适量
彩色糖豆·············适量

工具

锅/搅拌盆/电动打蛋器/打蛋器/木刮刀/橡皮刮刀/擀面杖/粉筛/茶筛/烤箱/烤盘/烘焙用纸/抹刀/冷却架/压派石/保鲜膜

烤模

直径20cm的挞盘

1 参照法式杏仁挞制作可可挞皮（第139、140页）。加入低筋面粉时，一起加入可可粉。

2 将面团放入冷藏室醒发2小时以上，参照法式杏仁挞进行烘烤。拿走压派石和烘焙用纸，继续烘烤8分钟。

3 把两种风味的巧克力一起放入搅拌盆。黄油置于室温下回温备用。搅打蛋黄。

> **＊温馨提示＊**
> 如果巧克力不是片状，将其切碎。

4 将鲜奶油放入锅中加热，在即将沸腾时离火。

5 将鲜奶油的一半倒入盛有蛋黄液的搅拌盆，快速搅拌混合。

6 将步骤**5**的材料倒回锅中。

7 文火加热，不断用木刮刀搅拌，直至出现浓稠感。

8 出现浓稠感后，倒入盛有巧克力的搅拌盆，用打蛋器搅拌成光滑细腻的奶油状。
●准备
将烤箱预热至160℃。

9 加入黄油，同样搅拌混合。

10 倒入步骤**2**中的挞盘，放入160℃的烤箱烘烤5分钟。散去余热，撒上可可粉，装饰上彩色糖豆。

你问我答
Q & A

蛋黄液凝在一起了！

加热蛋黄液和鲜奶油时，用大火加热的话蛋黄液会散开并凝固在一起。所以，一定要一边搅拌一边用文火加热，制作出口感细腻的馅料。

奶油泡芙

Cream Puff

所需时间	难易程度
120分钟	★ ★

🍥材料

泡芙皮 （25个直径6~8cm的泡芙皮所需的用量）	卡士达奶油 （12~13个奶油泡芙所需的用量）
牛奶·····················60mL	低筋面粉·················20g
水·······················60mL	玉米淀粉·················10g
食盐························3g	绵白糖···················40g
细砂糖······················6g	蛋黄·········3个鸡蛋的量
无盐黄油·················55g	牛奶····················250mL
低筋面粉·················30g	香草荚····················1根
高筋面粉·················35g	无盐黄油·················25g
鸡蛋···2~3个（约120g）※	大马尼埃酒·········1大匙

※ 鸡蛋的分量为标准分量。一边看着盆中的情形一边灵活调节分量

🍥工具

锅/搅拌盆/浅盘/打蛋器/木刮刀/橡皮刮刀/擀面杖/粉筛/万用滤网/烤箱/宽刃刀/砧板/刀子/烤盘/烘焙用纸/保鲜膜/冷却架/毛刷/裱花袋/裱花嘴(直径10mm、圆形，直径7~8mm、圆形)

3 沸腾后，立即关掉火源，加入过筛的粉类。

4 用木刮刀快速混合。

> ＊温馨提示＊
> 混合至粉状颗粒消失且没有块状物。

5 再次加热，不断用木刮刀搅拌，蒸发出水分。

1 将低筋面粉和高筋面粉一起过筛。

2 在锅中放入牛奶、水、黄油、细砂糖、食盐，加热至沸腾。

6 面糊不再粘在锅底时，离火，移至大号搅拌盆。

7 分4~5次加入鸡蛋液，搅拌混合至面糊的质地变得柔软。

> ＊温馨提示＊
> 根据蒸发出水分的多少和天气的干湿情况，适当增减鸡蛋液的分量。

8 用手指蘸取面糊，面糊非常缓慢地向下流淌，此种柔软程度最佳。

9 装入裱花嘴直径为10mm的裱花袋。

10 挤在铺有烘焙用纸或者涂了一层薄薄的黄油的烤盘上。相隔一定的距离，挤成直径5cm左右的圆球。
●准备
将烤箱预热至200℃。

11 在面糊表面涂上准备材料中所需分量之外的鸡蛋液，放入200℃的烤箱烘烤8~9分钟。泡芙膨胀起来之后，将温度调到180℃，烘烤至膨胀引起的裂痕也变成美丽的颜色。

12 完成烘烤后，散去余热。

13 制作卡士达奶油（参照第27页）。冷却后，移至搅拌盆，搅拌成光滑细腻状，加入大马尼埃酒。装入裱花嘴直径为7~8mm的裱花袋。

14 在距离泡芙顶部⅓的地方用刀子切开。

15 挤上卡士达奶油，盖上泡芙顶。

小贴士

泡芙适合批量制作，所以可以烘烤所需分量几倍的泡芙。将多余的泡芙放入冷冻室保存。自然解冻后食用，口感极佳。每次食用时，分别制作相应分量的奶油。

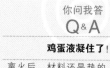
你问我答
Q & A
鸡蛋液凝住了！

离火后，材料还是热的，此时加入鸡蛋液，余热很容易使鸡蛋液凝固。加入鸡蛋液后，一定要用木刮刀快速混合，使所有材料融合在一起。

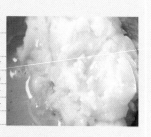

焦糖奶油

奶油变变变！

改变填入泡芙中的奶油的风味，
可以享受全新的口感。
水果奶油和焦糖奶油一起加入泡芙，
这个尝试也很值得推荐。

材料（标准分量）

低筋面粉⋯⋯⋯20g	焦糖牛奶
玉米淀粉⋯⋯⋯10g	绵白糖⋯⋯⋯⋯50g
绵白糖⋯⋯⋯⋯30g	水⋯⋯⋯⋯⋯2小匙
蛋黄⋯3个鸡蛋的量	鲜奶油⋯⋯⋯50mL
无盐黄油⋯⋯⋯15g	牛奶⋯⋯⋯250mL
朗姆酒⋯⋯⋯1大匙	

1 制作焦糖牛奶。锅中放入绵白糖和水，加热至液体变成焦糖色。

2 关掉火源，加入用锅或微波炉温热过的鲜奶油，用木刮刀搅拌至块状物消失。

水果奶油

材料（标准分量）

喜欢的水果泥	250g
蛋黄	3个鸡蛋的量
绵白糖	45g
玉米淀粉	15g
低筋面粉	10g
无盐黄油	10g
利口酒	1大匙

3 焦糖稍微冷却后，加入牛奶，搅拌混合。

＊温馨提示＊
焦糖过热的话，牛奶中的蛋白质容易凝固，所以要等焦糖变凉之后再加入。

参照卡士达奶油的制作方法（第27页），代替牛奶，加入喜欢的水果泥（图中使用了浆果泥）。

4 参照卡士达奶油的制作方法（第27页），代替牛奶，加入步骤**3**中的焦糖牛奶。

爱克蕾亚闪电泡芙

Eclair

所需时间	难易程度
120分钟	★★★

材料

泡芙皮
（25个10cm×3cm
的泡芙皮所需的用
量）
牛奶…………60mL
水……………60mL
食盐……………3g
细砂糖…………6g
无盐黄油………55g
低筋面粉………30g
高筋面粉………35g

鸡蛋
…2~3个（约120g）

巧克力卡士达奶油
（12~13个爱克蕾亚
闪电泡芙所需的用
量）
低筋面粉……15g
玉米淀粉………5g
绵白糖…………15g
蛋黄…3个鸡蛋的量

牛奶………250mL
无盐黄油……20g
甜巧克力……50g
朗姆酒……1大匙
涂层用的翻糖
翻糖……150~200g
糖浆※………适量
甜巧克力……适量

※翻糖用的糖浆
水…………100mL
细砂糖………130g

工具

锅/搅拌盆/打蛋器/木刮刀/橡皮刮刀/粉
筛/万用滤网/烤箱/烤盘/烘焙用纸/冷
却架/毛刷/筷子/裱花袋/裱花嘴（直径
10mm、圆形，直径7~8mm、圆形）/温
度计

148

1 制作泡芙面糊（参照第145、146页），装入裱花嘴直径为10mm的裱花袋，挤到铺有烘焙用纸的烤盘上，挤成10cm长的条状。

2 表面涂上所需材料中规定分量之外的鸡蛋液，和奶油泡芙一样烘烤后散去余热（参照第146页）。
●准备
将水和细砂糖放入锅中加热，制作糖浆，散去余热。

3 制作巧克力卡士达奶油（参照第27页）。制作方法和原味卡士达奶油一样，只是在加入黄油时一起加入切碎的巧克力，用锅里的余热将其熔化并搅拌混合。

4 步骤**2**中泡芙的反面用筷子戳2个洞。将巧克力卡士达奶油装入裱花嘴直径为7~8mm的裱花袋，挤到洞中。

5 将翻糖捏成适当大小，放入搅拌盆，加入少量糖浆。放到50~55℃的水上加热，将其慢慢熔化。

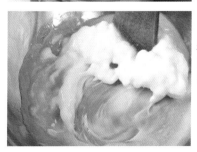

6 用木刮刀搅拌混合。最初时，翻糖较硬，所以要一边留意软硬程度一边加入糖浆，仔细搅拌混合。

7 翻糖的温度变成40℃左右时，加入适量糖浆，调节翻糖的软硬程度，使其达到最佳状态。

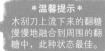
＊温馨提示＊
木刮刀上流下来的翻糖慢慢地融合到周围的翻糖中，此种状态最佳。

8 一边留意颜色，一边加入甜巧克力，搅拌混合成喜欢的颜色。

＊温馨提示＊
如果巧克力不是片状，将其切碎。

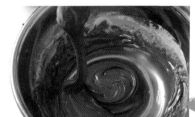

9 翻糖从木刮刀上歪歪扭扭地流下来，此种状态最佳。

＊温馨提示＊
翻糖偏硬，再加入少量糖浆；翻糖偏软，再加入少量翻糖。

10 将泡芙正面朝下，蘸取翻糖。

11 用手指抹掉多余的翻糖，放到烤盘上，等待翻糖变干。

你问我答
Q&A
泡芙皮露出来了！
这是因为翻糖过软。涂上翻糖后，翻糖从泡芙上流下来，从而露出凹凸不平的泡芙皮。

泡芙中夹着浓厚的奶油，冷却后食用更可口

巴黎布雷斯特泡芙
Paris-Brest

所需时间 **120**分钟

难易程度 ★★

※不含冷却时间

✑材料（1个直径18cm的慕斯模所需的用量）

泡芙皮		无盐黄油	100g
牛奶	60mL	果仁糊	85g
水	60mL	白兰地	1½大匙
食盐	3g	糖粉	适量
细砂糖	6g		
无盐黄油	55g	※卡士达奶油（标准分量）	
低筋面粉	30g	低筋面粉	20g
高筋面粉	35g	玉米淀粉	10g
鸡蛋…2~3个（约120g）		绵白糖	40g
杏仁丁	适量	蛋黄	3个鸡蛋的量
果仁奶油		牛奶	250mL
卡士达奶油※	180g	香草荚	1根
		无盐黄油	25g

✑工具

锅/搅拌盆/电动打蛋器/打蛋器/木刮刀/橡皮刮刀/粉筛/万用滤网/茶筛/烤箱/烤盘/烘焙用纸/蛋糕切刀/冷却架/毛刷/裱花袋/裱花嘴（直径10mm、圆形，直径10mm、星形）

✑烤模

直径18cm的慕斯模

1 在慕斯模的边缘涂上所需材料中规定分量之外的低筋面粉，放到铺有烘焙用纸的烤盘上，在烘焙用纸上留一个圆形痕迹。

2 制作泡芙面糊，装入装有圆形裱花嘴的裱花袋（参照第145、146页）。沿着慕斯模留下的痕迹挤一个圆圈。

3 慕斯模内壁涂上一层薄薄的黄油。

4 在另一个烤盘中铺上烘焙用纸，放上慕斯模，沿着内壁挤2个圆圈。在圆圈上面，再挤一个圆圈。
●准备
将烤箱预热至210℃。

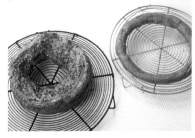

5 在步骤**2**和步骤**4**的材料表面涂上所需材料中规定分量之外的鸡蛋液，步骤**4**的材料再撒上杏仁丁。放入210℃的烤箱烘烤10分钟，将温度调成190℃，继续烘烤30分钟，散去余热。
●准备
将100g黄油置于室温下回温备用。

6 将回温的黄油和果仁糊放入搅拌盆，用电动打蛋器搅拌混合至发白状态。
●准备
制作卡士达奶油（参照第27页）。

7 在步骤**6**的材料中加入卡士达奶油和白兰地，搅拌混合。混合至果仁奶油上留下电动打蛋器划过的痕迹，放入冷藏室。

8 将双层的泡芙圈横向切成2片，拿开上面的一片。

9 将果仁奶油装入装有星形裱花嘴的裱花袋，挤到泡芙圈切口上，填充切口上的孔洞，使奶油与泡芙圈边缘基本在同一水平线上。

10 将细泡芙圈切成几段，呈圆形排列在奶油上。

11 一边横向画"8"字，一边挤出奶油。放入冷藏室冷却30分钟，待奶油定型之后，盖上先前拿开的上面的一片，撒上糖粉。

你问我答
Q&A

果仁奶油黏糊糊的！

果仁奶油中富含油脂。如果不通过步骤**6**充分混入空气，就会黏糊糊的，口感过于浓重。

蕴藏着很多西式甜点的工艺，适合高水平的烘焙人士

修女泡芙
Religieuse

所需时间	难易程度
120分钟	★★★

材料（标准分量）

泡芙皮
牛奶·········60mL
水··········60mL
食盐··········3g
细砂糖·········6g
无盐黄油·······55g
低筋面粉········30g
高筋面粉········35g
鸡蛋·······2~3个

凤梨奶油
凤梨酱········300g
蛋黄···2个鸡蛋的量
细砂糖········50g
玉米淀粉·······20g
低筋面粉·······15g
明胶片·········2g
鲜奶油·······100mL

涂层用的翻糖
翻糖·····150~200g

糖浆※·······适量
食用色素
（蓝色）······适量

※翻糖用的糖浆
水·········100mL
细砂糖·······130g

奶油霜
鸡蛋··········2个
绵白糖·······120g
无盐黄油······230g

工具

锅/搅拌盆/浅盘/电动打蛋器/打蛋器/木刮刀/橡皮刮刀/粉筛/万用滤网/茶筛/冷却架/烤箱/烤盘/烘焙用纸/毛刷/筷子/裱花袋/裱花嘴（直径10mm、圆形，直径5mm、圆形，直径5mm、星形）/保鲜膜/温度计/竹签

1 制作泡芙面糊，装入裱花嘴直径10mm的裱花袋，分别挤出10个直径3.5cm、2.5~3cm的圆球。涂上所需材料中规定分量之外的鸡蛋液，完成烘烤后散去余热。（参照第145、146页）

2 将凤梨酱放入锅中，加热至沸腾前一刻。
●准备
用水（分量外）将明胶片泡涨。将鲜奶油搅打至6分发，使用前放入冷藏室。

3 将蛋黄和细砂糖放入搅拌盆，用打蛋器搅打成发白状态。

4 筛入低筋面粉和玉米淀粉，用打蛋器搅拌混合。

5 将凤梨酱的一半加入，快速混合后倒回步骤**2**的锅中，一边中火加热，一边不断搅拌混合。沸腾起泡后立即离火。

6 加入除去水汽的明胶片，一边混合，一边用余热将其熔化，然后过滤。移至浅盘上，包上保鲜膜，散去余热，然后放入冷藏室冷却。

7 将步骤**6**中的材料移至搅拌盆，用打蛋器搅打成光滑细腻状。将冷藏室中的鲜奶油搅打至8分发，然后加入，均匀混合。

8 在泡芙球的反面用筷子戳个洞。裱花袋装上直径5mm的圆形裱花嘴，将裱花嘴插入洞中，挤出奶油。
●准备
制作奶油霜（参照第28页）。

9 制作涂层用的翻糖，调节硬度（参照第149页），加入食用色素进行着色。

10 在大泡芙球表面½的地方涂上翻糖。在变干之前放上小泡芙球，同样在表面½的地方涂上翻糖。

11 裱花袋装上直径5mm的星形裱花嘴，装入奶油霜，挤到两个泡芙的连接处和顶部作为装饰。

西 式 甜 点 小 知 识

修女泡芙的外观很像戴着帽子、穿着褶饰服装的修女，因此而得名。最初，翻糖的色彩并不像现在这样多种多样，巧克力翻糖是主流。它庄重的色彩更适合向神明立誓的修女。

关键是仔细调整温度！

压模巧克力
Cutter Chocolate

所需时间	难易程度
60 分钟	★ ★ ★

※不含冷却时间

◎ 材料

喜欢的巧克力（图片中使用的是甜巧克力
和白巧克力）⋯⋯⋯⋯⋯⋯适量（300g以上）

※巧克力量多容易稳定温度，所以最少也要准备
300g。多余的巧克力可以重复利用

◎ 工具

搅拌盆/橡皮刮刀/烤盘/蜡纸/剪刀/纸巾/温度计/垫
布

◎ 烤模

树脂材质的
巧克力模

1 在放上巧克力之前，用纸巾将模具擦拭干净。
●准备
制作圆锥形裱花袋（参照第32页）。

> **＊温馨提示＊**
> 尽量降低室内温度。

2 用50~55℃的水加热并熔化巧克力。

> **＊温馨提示＊**
> 如果巧克力不是片状，将其切碎。

3 放到盛有冷水的搅拌盆上，一边不断用橡皮刮刀搅拌均匀，一边将温度降到25~26℃。

> **＊温馨提示＊**
> 冷水温度不要过低。

4 再次隔水加热巧克力。

> **＊温馨提示＊**
> 搅拌盆移出热水或冷水时，每次都要将四周擦拭干净。

5 从热水中移出搅拌盆，一边用橡皮刮刀搅拌混合，一边将温度降到28~31℃。

> **＊温馨提示＊**
> 如果温度在32℃以上，从当前温度开始，重复加热和降温的步骤。

6 将巧克力糊装入圆锥形裱花袋，挤到模具上。放入冷藏室5~10分钟冷却凝固。

> **＊温馨提示＊**
> 烤模不同，所需要的冷却时间也各不相同。

7 在巧克力完全凝固之后，迅速将模具翻转过来，取出巧克力块。

> **＊温馨提示＊**
> 如果温度调整成功的话，用模具轻轻叩打烤盘，即可轻松取出巧克力。

8 使用过的圆锥形裱花袋直接放入冷藏室。

9 回收裱花袋上的巧克力残渣，用于制作甘纳许、朱古力饼干等。

你问我答
Q&A

巧克力上浮着的白膜是什么？

此物由从巧克力中分离的脂肪凝结而成。出现的原因是加热巧克力时的温度过高，或者是其中混入了水分或油渍，也可能因为频繁调整温度，影响了巧克力的品质。

用作礼物！包装纸的创意

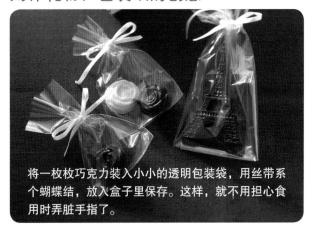

将一枚枚巧克力装入小小的透明包装袋，用丝带系个蝴蝶结，放入盒子里保存。这样，就不用担心食用时弄脏手指了。

松露巧克力
Chocolate Cinnamon Truffe

所需时间	难易程度
60分钟	★★

※不含冷却时间

材料（30个直径1.5cm的松露巧克力所需的用量）

甘纳许
甜巧克力·····························100g
牛奶巧克力··························50g
肉桂粉·······························1小匙
鲜奶油·······························100mL

涂层用的甜巧克力·················约100g
肉桂粉·······························适量
装饰粉（可用糖粉代替）···········适量
（肉桂粉和装饰粉的比例大约为1：2）

工具

锅/搅拌盆/浅盘/打蛋器/橡皮刮刀/粉筛/宽刃刀/烘焙用纸/裱花袋/裱花嘴（直径15mm、圆形）/温度计

1 将两种巧克力和肉桂粉一起加入搅拌盆。

温馨提示
如果巧克力不是片状，将其切碎。

2 将鲜奶油放入小锅，加热至沸腾前一刻，然后倒入步骤**1**中的搅拌盆。

3 用打蛋器快速搅拌混合成光滑细腻的奶油状。

温馨提示
巧克力凝结成块的话，一边用打蛋器搅拌混合，一边放在50~55℃的水上加热。

4 放到房间凉爽的地方，散去余热。

5 为了使整体的温度均匀，经常用橡皮刮刀搅拌几下。橡皮刮刀上面的巧克力糊不会淌下来，冷却到此种状态为佳。

6 装入裱花嘴直径15mm的裱花袋。浅盘背面铺上烘焙用纸，挤出条状甘纳许，放入冷藏室30分钟使其凝固。

7 将涂层用的甜巧克力切碎后，放在50~55℃的热水上隔水加热，使其熔化。
●准备
将装饰粉和肉桂粉一起筛到浅盘上。

8 将冷却的甘纳许切成宽1~1.5cm的小块。

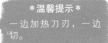

温馨提示
一边加热刀刃，一边切。

9 用手将一块块甘纳许揉成小球。

10 两手掌心放少量涂层用的巧克力，让甘纳许在掌心轻轻滚动，使表面粘上一层巧克力。

11 放到浅盘上，趁着巧克力没有干，轻轻滚动，使其粘上肉桂粉和装饰粉。稍微放置一会儿，抖落多余的肉桂粉和装饰粉。

你问我答
Q&A

松露巧克力黏糊糊的，没法搓圆！

这是因为室温过高，巧克力熔化了。所以，一定要降低室内温度。而且，还要尽量快速搓圆。

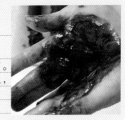

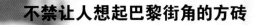

不禁让人想起巴黎街角的方砖

法式方砖巧克力

Pave de Chocolate

所需时间	难易程度
60分钟	★

※不含冷却时间

🍫材料（1个15cm×15cm的方形模所需的用量）

甜巧克力·······················200g
无盐黄油························15g
鲜奶油·························100mL
朗姆酒························1大匙

可可粉·························适量

🍫工具

锅/搅拌盆/打蛋器/茶筛/宽刃刀/烘焙用纸

🍫烤模

15cm×15cm的方形模

1 将烘焙用纸做成模具的形状，铺到模具里。

2 将巧克力放到搅拌盆中。

● 准备
将黄油置于室温下回温备用。

> **＊温馨提示＊**
> 如果巧克力不是片状，将其切碎。

3 将鲜奶油放入小锅加热。

4 沸腾前一刻离火，加入步骤**2**的搅拌盆中。

5 用打蛋器搅拌混合。

6 加入回温的黄油，搅拌成光滑细腻的奶油状，然后加入朗姆酒。

7 倒入步骤**1**的模具中。

8 将模具在操作台上"咚咚"磕打几下，使材料表面变得平整。放入冷藏室30分钟以上使其凝固。

9 将巧克力从模具中取出。

10 加热切巧克力用的宽刃刀。

11 将巧克力切成喜欢的大小。用茶筛过滤可可粉，撒到巧克力上面。

你问我答
Q&A

巧克力无法变成光滑细腻的状态！

巧克力中加入温热的鲜奶油时，巧克力没有完全熔化，于是再次加热，这就是分散的原理。

松软的蛋糕上凝聚着巧克力的美好味道

巧克力蛋糕

Gateau au Chocolat

所需时间	难易程度
100分钟	★★

材料（1个直径15cm的圆形模所需的用量）

无盐黄油·············100g
甜巧克力·············100g
杏仁粉·················30g
糖粉·····················30g
鸡蛋·····················2个
蛋黄·········1个鸡蛋的量
低筋面粉···············40g
蛋白·········1个鸡蛋的量
绵白糖·················30g

糖粉·····················适量

工具

搅拌盆/电动打蛋器/橡皮刮刀/粉筛/茶筛/烤箱/烤盘/冷却架/盘子

烤模

直径15cm的圆形模

1 烤模上涂一层薄薄的黄油，撒上低筋面粉，抖落多余的面粉，放到冷藏室。

2 将杏仁粉和糖粉一起过筛。
●准备
将黄油置于室温下回温备用。蛋黄和鸡蛋一起搅打成鸡蛋液。

3 用隔水加热的方式熔化巧克力（参照第155页）。将回温的黄油放入搅拌盆，搅拌成光滑细腻的奶油状，然后加入巧克力。

4 用电动打蛋器快速搅拌混合。

5 加入步骤**2**的材料，搅拌至粉状颗粒消失。

6 将蛋白和绵白糖另放入一个搅拌盆，制作蛋白霜。

7 将鸡蛋液分4~5次加入步骤**5**的搅拌盆，每次都要充分混入空气并混合均匀。
●准备
将烤箱预热至160℃。

8 筛入低筋面粉，用橡皮刮刀快速混合至粉状颗粒消失。

9 分两次加入步骤**6**中的蛋白霜，同样快速均匀混合。

10 倒入烤模，将烤模在操作台上用力磕打几下，排出面糊中的空气。放入160℃的烤箱烘烤40分钟左右。

11 完成烘烤后，散去余热。脱模，将蛋糕放到盘子上，用茶筛筛上糖粉。

你问我答
Q&A

巧克力蛋糕扁扁的！

加入蛋白霜后，一定要注意不要搅拌过度。如图所示，破坏里面的气泡后，材料就会变硬，烘烤出来的蛋糕看起来扁扁的。

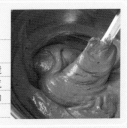

简易布朗尼
Light Brownie

所需时间	难易程度
80分钟	★

材料（1个18cm × 18cm的方形模所需的用量）

材料	用量
牛奶巧克力	50g
甜巧克力	50g
无盐黄油	120g
蔗黄糖	110g
食盐	适量
鸡蛋	2个
低筋面粉	60g

工具

搅拌盆/电动打蛋器/橡皮刮刀/粉筛/烤箱/烤盘/蛋糕切刀/砧板/烘焙用纸/冷却架/温度计

烤模

18cm × 18cm的
方形模

1 将烘焙用纸做成模具的形状，铺到模具里。
● 准备
将黄油置于室温下回温备用。

2 将两种巧克力一起放入搅拌盆，用50~55℃的热水隔水加热使其熔化。

> ＊温馨提示＊
> 使用时，将其熔化至40℃左右。

3 将回温的黄油、蔗黄糖和食盐另放入一个搅拌盆，用电动打蛋器混合至发白状态。

4 分5~6次加入鸡蛋液，每次都要充分混入空气并混合均匀。

5 取少量步骤**4**的材料，加入步骤**2**的搅拌盆中。

6 用橡皮刮刀快速混合。

7 倒回步骤**4**的搅拌盆中，搅拌混合。

8 筛入低筋面粉，搅拌混合至光滑细腻的奶油状。
● 准备
将烤箱预热至170℃。

9 倒入烤模，将表面整理平整后，放入170℃的烤箱烘烤30分钟左右。

10 脱模，放到冷却架上散去余热。

11 切成喜欢的大小。

> 西 式 甜 点 小 知 识
>
> 布朗尼是美国简单甜点的经典代表，推荐第一次动手制作甜点的人尝试。面糊中加入坚果，或者食用时加点打发鲜奶油，可以增添不少风味。放置一个晚上再食用，吃起来更加可口，非常适合当作礼物送人。

口感独特，人气超高

三种马卡龙
Macaron

所需时间	难易程度
100分钟	★★★

材料（各20个左右的用量）

原味马卡龙
蛋白·········2个鸡蛋的量
细砂糖·················30g
杏仁粉·················80g
糖粉·················130g

粉色马卡龙
蛋白·········2个鸡蛋的量
细砂糖·················30g
杏仁粉·················80g
糖粉·················130g
食用色素·············少量

可可风味马卡龙
蛋白·········2个鸡蛋的量
细砂糖·················30g
杏仁粉·················80g
可可粉·················10g
糖粉·················130g

原味马卡龙用的奶油
奶油霜※·············100g
开心果酱·········1大匙

粉色马卡龙用的奶油
奶油霜※·············100g
覆盆子酱·············适量

可可风味马卡龙用的甘纳许
鲜奶油·················75g
苦甜巧克力·············75g

※奶油霜（标准分量）
鸡蛋·····················2个
绵白糖·················120g
无盐黄油·············230g

工具

锅/搅拌盆/电动打蛋器/打蛋器/橡皮刮刀/粉筛/烤箱/烤盘/烘焙用纸/裱花袋/裱花嘴（直径10mm、圆形）/竹签/汤匙

1 将杏仁粉和糖粉一起过筛。制作可可风味马卡龙时，可可粉一起过筛（图为加入可可粉）。
●准备
给烤盘铺上烘焙用纸。

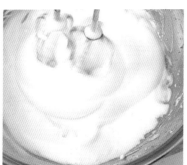

2 制作原味马卡龙时，将蛋白和细砂糖放入搅拌盆，用电动打蛋器搅打，制作蛋白霜。

3 制作粉色马卡龙时，在步骤2的蛋白霜中加入食用色素。

＊温馨提示＊
用竹签一点点加入色素，每次都要一边留意颜色，一边均匀混合。

4 制作原味马卡龙时，分2~3次将步骤1的材料加入步骤2的搅拌盆中；制作粉色马卡龙时，分2~3次将步骤1的材料加入步骤3的搅拌盆中。制作可可风味马卡龙时，采用同样的方法将含有可可粉的步骤1的材料加入步骤2的蛋白霜中。每次都要搅拌混合至粉状颗粒消失。

5 不论制作何种口味的马卡龙，都要一边用橡皮刮刀将面糊压向搅拌盆，一边混合。

6 混合一段时间后，面糊变得富有光泽。

7 舀起面糊时，面糊缓慢地向下流淌。

8 将面糊装入裱花嘴直径10mm的裱花袋，挤成直径3cm左右的圆团。

9 将烤盘在操作台上磕打几下，使烤盘上的面糊直径扩展至4cm左右。常温放置30分钟以上，待其表面干燥、用手触碰时不会粘到面糊即可。
●准备
将烤箱预热至170℃。

10 放入170℃的烤箱烘烤4分钟。将温度调至140℃，烘烤12分钟。移出烤盘，散去余热。

11 制作奶油霜（参照第28页）。

12 制作原味马卡龙用的奶油。将100g奶油霜放入搅拌盆中，一点点加入开心果酱，混合均匀。

＊温馨提示＊
少量的开心果酱可以增添马卡龙的香味，一边留意着味道一边加入开心果酱。

13 制作可可风味马卡龙用的甘纳许。在放入巧克力的搅拌盆中，加入用锅温热的鲜奶油。

14 混合至材料呈光滑细腻的奶油状。

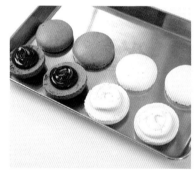

15 马卡龙两个为一组，将其中一个翻转。制作原味和可可风味的马卡龙时，分别将奶油和甘纳许装入裱花嘴直径10mm的裱花袋，挤到翻转的马卡龙上，然后将没有翻转的马卡龙盖上。

16 制作粉色马卡龙时，用裱花嘴直径10mm的裱花袋将奶油霜挤到翻转的马卡龙上，加入覆盆子酱，盖上没有翻转的马卡龙。

你问我答
Q&A

马卡龙上有裂痕……

从制作的过程来讲，大约是因为面糊搅拌程度不足、表面没有充分干燥便开始烘烤、烤箱温度过高等原因。而且，湿热天气也会影响面糊的光泽，烘烤出来的马卡龙容易裂开。

日常茶点

法式橙香可丽饼

Crêpe Suzette

所需时间 **50**分钟	难易程度 ★

※不含醒发时间

材料（15块直径20cm的可丽饼所需的用量）

可丽饼		沙司	
低筋面粉	100g	细砂糖	100g
绵白糖	25g	橙皮	2个的量
牛奶	230mL	橙汁	300mL
鸡蛋	2个	无盐黄油	30g
无盐黄油	25g	大马尼埃酒	50mL

工具

平底锅/搅拌盆/浅盘/打蛋器/长柄勺/粉筛/万用滤网/宽刃刀/砧板/纸巾/竹签

1 在搅拌盆中筛入低筋面粉和绵白糖,用打蛋器轻轻搅拌混合。加入牛奶,混合至块状物消失。
●准备
将25g黄油以隔水加热的方式熔化。

2 将鸡蛋磕入搅拌盆,用打蛋器搅拌混合。

3 加入熔化的黄油,过滤后常温放置30分钟以上。

4 加热平底锅,倒入色拉油(分量外),用纸巾拭去多余的油。

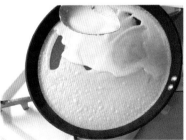

5 用长柄勺舀一勺面糊,沿着平底锅均匀地铺开,文火加热。

6 加热至面糊表面变干,四周略微翘起。沿着边缘插入竹签,拨起面皮查看一下反面。

7 反面变成浅咖啡色时,将面皮翻转过来,使反面朝上,将另一面煎干。其余的面糊也采用相同的煎法。将煎好的可丽饼折成¼大小。

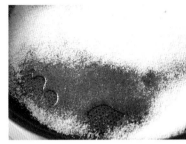

8 在平底锅中加入细砂糖加热,至细砂糖的一部分开始熔化。
●准备
将橙皮去除白色部分,切成丝。

9 加入橙汁和橙皮,使细砂糖完全溶化。

10 加入30g黄油,将沙司煮沸,然后放入折成¼大小的可丽饼。晃动平底锅,使整个可丽饼浸到沙司中。

11 加入大马尼埃酒,稍微加热一下,挥发出酒精成分。关掉火源,将可丽饼移到盘子里。

你问我答
Q&A

面糊没法均匀铺开!

平底锅中的油量过多,会导致面糊流走。所以,加入色拉油后,要用纸巾拭去多余的油脂。

一层层薄饼和浓厚的奶油起司组成的交响曲

法式千层可丽饼

Mascarpone Mille Crêpes

所需时间	难易程度
90分钟	★★

※不含醒发、冷却时间

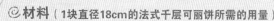

材料（1块直径18cm的法式千层可丽饼所需的用量）

咖啡风味的可丽饼
（15~20片）

速溶咖啡	1大匙
热水	1大匙
低筋面粉	150g
绵白糖	35g
牛奶	300mL
鸡蛋	3个
无盐黄油	35g

意式咖啡粉	2小匙

马斯卡彭奶油

鲜奶油	200g
马斯卡彭起司	70g
甜炼乳	60g

工具

锅/平底锅/搅拌盆/浅盘/打蛋器/橡皮刮刀/长柄勺/粉筛/万用滤网/抹刀/纸巾/竹签

1 参照费南雪的做法，将黄油放入小锅中加热，制作焦黄油（参照第79页）。
● 准备
用1大匙热水溶化速溶咖啡。

2 在搅拌盆中放入过筛的低筋面粉和绵白糖，然后加入牛奶，用打蛋器搅拌至块状物消失。将鸡蛋磕入盆内，均匀混合，然后加入溶化的速溶咖啡。

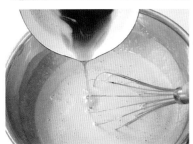

3 加入步骤1中的焦黄油，搅拌混合。

4 均匀混合后，用滤网过滤，常温下放置30分钟左右。

5 使用前加入意式咖啡粉，搅拌混合。

6 参照法式橙香可丽饼的步骤煎出一片片薄饼（第169页），散去余热。

7 将马斯卡彭起司和甜炼乳放入搅拌盆，搅拌混合至光滑细腻的奶油状。然后一点点加入鲜奶油，每次都要均匀混合。

8 搅打至6分发，使用前放入冷藏室（即打即用除外）。

9 将一片可丽饼放到盘子上，然后将步骤8中的奶油搅打至7分发。取少量奶油放在可丽饼上，用抹刀均匀铺开。

10 再放一片可丽饼。

11 采用和步骤9相同的方法涂抹奶油并叠放可丽饼。重复此步骤，将所有的可丽饼叠放在一起。放入冷藏室冷却15~20分钟。

你问我答
Q&A

可丽饼有些厚！

如果不根据平底锅的大小灵活调节面糊的分量，就很容易煎出厚厚的可丽饼。一般来讲，一片可丽饼所需的面糊大约是一勺的量。

事先准备好面糊，早上煎一煎当作早餐！

格雷派饼
Galette

所需时间	难易程度
40分钟	★

※不含醒发时间

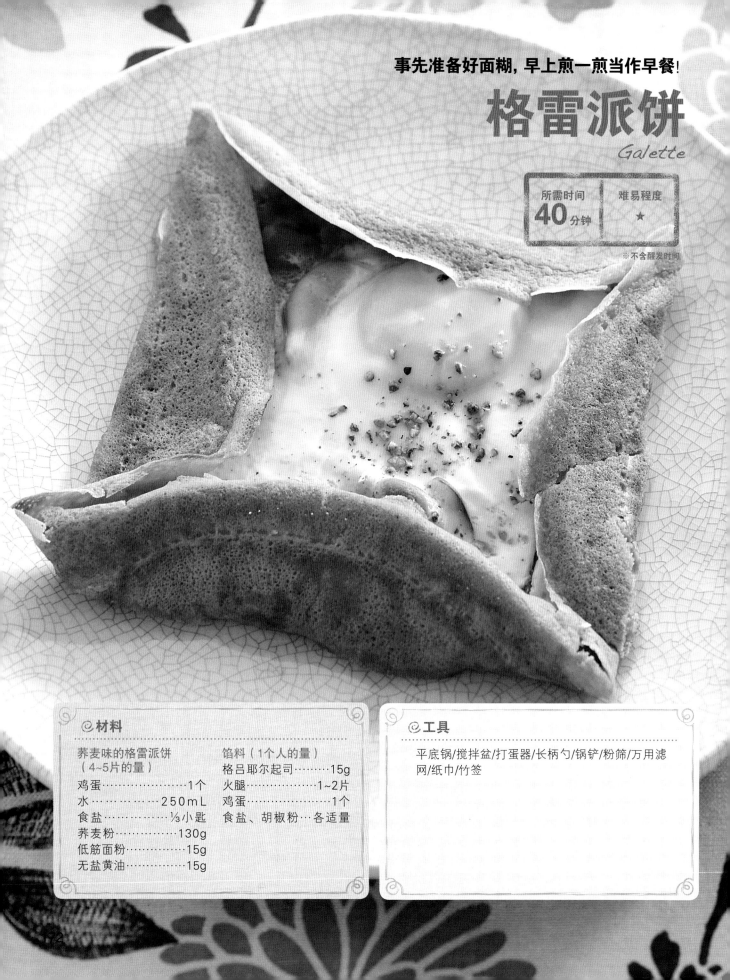

◎材料

荞麦味的格雷派饼
（4~5片的量）

鸡蛋·······················1个
水·····················250mL
食盐·····················⅓小匙
荞麦粉·····················130g
低筋面粉·····················15g
无盐黄油·····················15g

馅料（1个人的量）
格吕耶尔起司·············15g
火腿·····················1~2片
鸡蛋·······················1个
食盐、胡椒粉···各适量

◎工具

平底锅/搅拌盆/打蛋器/长柄勺/锅铲/粉筛/万用滤网/纸巾/竹签

1 将水和鸡蛋放入搅拌盆，用打蛋器搅拌混合。
● 准备
通过隔水加热或微波炉加热的方式将黄油熔化。

2 筛入荞麦粉、低筋面粉和食盐，搅拌至粉状颗粒消失。

3 加入熔化的黄油，搅拌混合。

4 过滤，静置2小时以上，最好是一个晚上。

5 加热平底锅，加入色拉油（分量外），用纸巾拭去多余的油。

6 舀取一勺面糊倒入锅中，快速在锅底铺开，中火加热。

7 表面变干后翻转过来，烘煎几秒后再次翻转。

8 减弱火力，加入起司，然后放上1~2片火腿。

9 磕入鸡蛋，加入食盐、胡椒粉。

10 盖上锅盖，烘煎2~3分钟，使鸡蛋达到5成熟。

11 将边缘向内折，使圆饼变成正方形，放到盘子上。

你问我答
Q&A

没法完美地包住馅料！

这是因为加入馅料之前，格雷派饼烘煎过度。煎饼变脆，折叠时容易碎裂。所以，要快速烘煎。

材料（8个直径7cm的甜甜圈所需的用量）

甜甜圈	食用油 ……………适量
起酥油 …………………35g	
绵白糖 …………………35g	糖浆
食盐 ……………………5g	蜂蜜 …………………2大匙
蛋黄 ………1个鸡蛋的量	柠檬汁 ………………1½大匙
高筋面粉 ………………150g	糖粉 …………100~150g
低筋面粉 ………………150g	
酵母粉 …………………5g	
水 ……………………70mL	
牛奶 ……………………70mL	

工具

锅/煎锅/搅拌盆/打蛋器/浅盘/丝网/粉筛/擀面杖/粗麻布/烘焙用纸/烤盘/温度计/保鲜膜/筷子/垫布

烤模

直径3.5cm和直径7cm的慕斯模

3 加入蛋黄，充分混合。

4 加入过筛的粉类、酵母粉、步骤1中的牛奶和水。

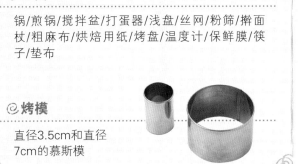

5 用手将全部面糊揉捏到一起。

1 将牛奶和水一起加热至与体温差不多的程度（38℃）。
●准备
将低筋面粉和高筋面粉一起过筛。

6 用手掌根部按压面糊，将其揉成光滑的面团。

温馨提示
没有大号搅拌盆时，可以将面糊放到操作台上，用力揉。

2 将起酥油、绵白糖、食盐加入大号搅拌盆，用打蛋器搅拌至光滑细腻的奶油状。

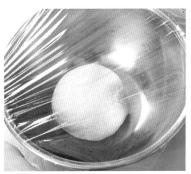

7 揉成光滑的面团后，放入搅拌盆，贴着盆沿包上保鲜膜，放到38~40℃的地方或用烤箱的发酵功能发酵40分钟。

175

8 发酵后，面团膨胀为原来的2倍大小。

9 表面撒一些高筋面粉（分量外），插入食指确认发酵情况。抽出食指，指印没有回缩，说明发酵成功。如果指印回缩，继续发酵5~10分钟。

10 用拳头按压面团中央。

11 面团表面朝上，放到铺有粗麻布的操作台上，用擀面杖将其擀压成厚约1.5cm的面团。

12 为了防止干燥，用拧干水分的湿垫布盖在面团上，醒发10分钟左右。

温馨提示
这个过程叫作"静置醒发"。

13 有必要的话，在面团表面撒一些干面粉。用慕斯模将其压成甜甜圈的形状。

14 将甜甜圈放在剪成10cm×10cm的烘焙用纸上，排列在烤盘中。

15 将剩余的零散面团再次揉成一团，盖上拧干水分的湿垫布醒发一段时间，然后采用相同的方法擀压并压成甜甜圈的形状。

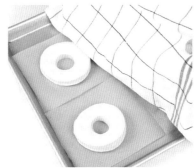

16 放在烤盘上，然后盖上拧干水分的湿垫布，再次放到温暖的地方（38~40℃）或用烤箱的发酵功能发酵30分钟。

17 将蜂蜜和柠檬汁加入锅中加热，沸腾后离火，倒入搅拌盆。
●准备
将食用油加热至170℃。

18 将过筛的糖粉一点点加入步骤**17**中的搅拌盆，用打蛋器搅拌混合至光滑细腻状，制作糖浆。

> **＊温馨提示＊**
> 糖浆冷却后，使用前用隔水加热的方法温热。

19 连同烘焙用纸一起将甜甜圈放入170℃的热油中，大约1分钟，朝下的一面会被炸成浅咖啡色。

> **＊温馨提示＊**
> 烘焙用纸放入热油后就会脱离甜甜圈，此时将其取出。把筷子插入甜甜圈中间的孔中来回转动，以免孔被堵住。

20 沥干油，趁热浇上热糖浆。

21 将丝网放到浅盘上，放上甜甜圈散去余热。

你问我答
Q&A

糖浆浇得太多了？

给热热的甜甜圈浇上热糖浆，就像给甜甜圈覆上了一层薄膜。但是，糖浆冷却后会变硬，这时浇到甜甜圈上，就会浇得很厚。不仅是外观看起来厚重，口感也变得浓厚。

油炸小知识

1 油量

油量过少，很难保持温度；油量过多，有溢出的危险。倒入煎锅六七成满的分量为佳。而且，油的深度还要是油炸物厚度的2倍以上。

2 油温

大多数甜点都使用中温油。油温上升到合适温度后，要减小火力，使油保持在一定温度。

●**低温（150~165℃）**
慢慢地油炸蔬菜和厚实的肉类的温度。
确认方法：中火加热5分钟左右，放入干燥的筷子，一个呼吸后，缓慢地泛起稀疏的气泡。

●**中温（170~180℃）**
甜甜圈之类的甜点以及其他大部分油炸物皆使用此温度油炸。
确认方法：中火加热6~7分钟，放入干燥的筷子，立即泛起细小的气泡。

●**高温（180~200℃）**
想将中温油炸的东西炸得更加松脆或者二次油炸时的温度。
确认方法：中火加热8~9分钟，放入干燥的筷子，立即猛烈地泛起细密的气泡。

3 一次炸多少

一次油炸过多的东西，会降低油温，而且还会影响油炸时间或者出现煳斑。调节油量，使油炸物占油面的⅔以下。

其他知识

● 使用新鲜的食用油
● 油炸过程中需要翻面，两面都要炸
● 炸好的东西放在丝网上沥干油
● 过滤掉油渣滓
● 浇糖浆或撒砂糖时，要趁热

蜜糖法兰奇

French Cruller

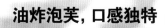

所需时间	难易程度
60分钟	★

🍥材料（约10个的用量）

甜甜圈

牛奶	60mL
水	60mL
食盐	少量
无盐黄油	60g
高筋面粉	90g
低筋面粉	30g
鸡蛋	3~4个

食用油	适量

朗姆酒风味的糖浆

糖粉	约100g
水	15mL
朗姆酒	10mL

🍥工具

锅/煎锅/搅拌盆/打蛋器/木刮刀/粉筛/烘焙用纸/浅盘/丝网/温度计/裱花袋/裱花嘴（直径10mm、星形）/筷子

1 将牛奶、水、黄油和食盐放入锅中加热至沸腾。

●准备
将低筋面粉、高筋面粉一起过筛。

2 沸腾后立即关掉火源，加入过筛的面粉。

3 用木刮刀快速混合至粉状颗粒消失。

4 再次加热，不断用木刮刀搅拌，使多余的水分蒸发出去。

5 翻起面糊时，面糊光洁地离开锅底，此时关掉火源，移至大号搅拌盆。

6 搅打好鸡蛋液，分4~5次加入步骤**5**的搅拌盆中。

温馨提示
面糊的余热很容易使鸡蛋凝结成块，所以要快速搅拌混合。

7 一边留意面糊的硬度，一边加入鸡蛋液。用手指蘸取面糊，面糊缓慢地向下流淌，此种硬度为佳。

温馨提示
鸡蛋大小不一，根据面糊硬度调节加入鸡蛋液的分量是不错的方法。

8 给裱花袋装上星形裱花嘴。将面糊挤到剪成10cm×10cm大小的烘焙用纸上，挤成圆圈形状。

●准备
将食用油加热至170℃。

9 放入170℃的热油中，拿掉自然分离的烘焙用纸。两面都要炸得恰到好处，放到丝网上沥干油。

10 将水和朗姆酒放到搅拌盆中，一边一点点加入过筛的糖粉，一边搅拌混合，制作糖浆。

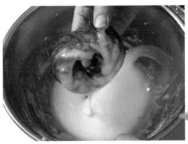

11 热甜甜圈双面都要涂上糖浆。

温馨提示
根据个人喜好，可以单面涂上糖浆。

你问我答
Q&A

鸡蛋凝固了

将鸡蛋液倒入热面糊时，一定要快速搅拌混合。否则，面糊的热量传入鸡蛋液，鸡蛋液就会凝结成块。

炸到甜点裂开就成功了

老式甜甜圈
Old-fashioned Doughnut

<table>
<tr><td>所需时间
60分钟</td><td>难易程度
★</td></tr>
</table>

※不含醒发时间

◎材料（9个直径7cm的老式甜甜圈所需的用量）

甜甜圈

无盐黄油·············30g	泡打粉·············1小匙
绵白糖···············45g	食用油·············适量
香草油···············适量	
牛奶···············40mL	
蛋黄·········2个鸡蛋的量	
低筋面粉···········100g	
高筋面粉············50g	

◎工具

煎锅/搅拌盆/电动打蛋器/粉筛/粗麻布/擀面杖/烘焙用纸/丝网/浅盘/温度计/筷子/保鲜膜

◎烤模

直径3.5cm和直径7cm的慕斯模

1 将低筋面粉、高筋面粉、泡打粉一起过筛。
● 准备
将黄油置于室温下回温备用。

2 将蛋黄和牛奶均匀混合。

3 将回温的黄油、绵白糖和香草油放入搅拌盆，搅拌混合。

4 加入少量步骤**2**的蛋黄牛奶液，混入空气并搅拌均匀。

5 面糊出现分散迹象，此时加入⅓过筛的粉类，搅拌至粉状颗粒消失。

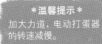

＊温馨提示＊
加大力道，电动打蛋器的转速减慢。

6 再次加入少量蛋黄牛奶液，搅拌至面糊出现分散迹象，加入和步骤**5**同量的粉类。

＊温馨提示＊
蛋黄牛奶液和粉类分别分3次加入。如果面糊没有散开迹象，可以分2次加入。

7 粉类全部加入后，将面糊揉成面团，用保鲜膜包住，放入冷藏室醒发1小时以上。

8 将面团放在铺有粗麻布或撒有扑粉的操作台上，面团表面也要撒一些干面粉，将其擀压成厚5~6mm的面皮。

9 用直径7cm和直径3.5cm的慕斯模压出甜甜圈的形状，放到剪成10cm×10cm大小的烘焙用纸上。将剩余的零散面团再次揉成一团，然后采用相同的方法擀压，并用慕斯模压出甜甜圈的形状。

10 用170℃的热油将甜甜圈两面炸成恰到好处的颜色。

＊温馨提示＊
将甜甜圈放入油锅中时，倾斜烘焙用纸，甜甜圈从上面滑落。

11 放到丝网上沥干油并散去余热。

西 式 甜 点 （小）（知）（识）

老式甜甜圈，是美国最原始、最简单的甜点。"嘎吱嘎吱"的口感和表面斑驳的裂口是它的特征。煎炸过程中不断翻转，直到甜甜圈表面裂开。如果想让甜甜圈的表面裂一圈裂口，可以将面皮擀压得更薄些。

蒸蛋糕
Steamed Cake

所需时间	难易程度
45分钟	★

材料（10个直径6cm的马芬杯所需的用量）

鸡蛋···2个
绵白糖··80g
香草油··适量
牛奶··80mL
色拉油··30g
低筋面粉···120g
泡打粉··1小匙

工具

蒸锅/蒸布或纸巾/搅拌盆/电动打蛋器/打蛋器/粉筛/冷却架/裱花袋/夹子

烤模

直径6cm的马芬模和直径6cm的马芬杯

1 蒸锅里加水，用蒸布或纸巾盖住。

2 将马芬杯和马芬模组合在一起。

3 将鸡蛋、绵白糖和香草油放入搅拌盆。

4 打发至稍微松软的状态。

> *温馨提示*
> 像海绵蛋糕那样，不必充分打发。

5 加入牛奶和色拉油。

6 快速搅拌混合。

7 筛入低筋面粉和泡打粉。
●准备
加热蒸锅。

8 用打蛋器搅拌混合至光滑细腻的状态。

9 倒入没有装裱花嘴的裱花袋，挤入马芬杯，7成满即可。

10 放入冒着热气的蒸锅，文火加热15~20分钟。蒸好后，散去余热，脱模。

你问我答
Q&A

蒸出来的蛋糕不膨松！

蒸的时间太久，蛋糕变硬，没法完美地膨胀起来。相反，中途忽然关掉火源或者屡次掀开盖子，会影响蛋糕充分受热，也无法蒸出膨松的蛋糕。

覆盆子酸酸甜甜的味道给焦糖带来了别样的口感！

覆盆子焦糖软糖

Caramel Mou

所需时间	难易程度
60分钟	★

※不含冷却时间

材料（1个15cm×15cm的四方模所需的用量）

鲜奶油······150mL
绵白糖······130g
水饴······110g
无盐黄油······20g
冻干覆盆子······20g

工具

锅/搅拌盆/木刮刀/橡皮刮刀/烘焙用纸/蛋糕切刀/砧板/温度计

烤模

15cm×15cm的四方模

184

1 将烘焙用纸裁剪成模具的形状，铺到模具中。

2 将冻干覆盆子粗粗地捣碎。

●准备
将鲜奶油放入锅或微波炉中温热。

3 将绵白糖、水饴放入厚锅中，加热。

> ***温馨提示***
> 这时，不搅拌也没关系。

4 将绵白糖熔化成糖浆状，沸腾后继续加热，从锅边开始变成焦糖色。

5 开始变色时，一边晃动热锅，一边用木刮刀搅拌，使全部液体变成均匀的焦糖色。

6 液体颜色变成浅浅的焦糖色后，关掉火源，分2~3次加入鲜奶油，每次都要均匀混合。

7 再次加热，一边用温度计测量温度，一边加热至120℃。

8 关掉火源，加入黄油，用余热将其熔化。

9 加入冻干覆盆子，搅拌混合。

10 倒入模具中，散去余热后放入冷藏室冷却2小时。

11 脱模，用切刀切成喜欢的大小。

> ***温馨提示***
> 切刀上沾一层薄薄的色拉油（分量外），切的时候不会粘。

你问我答
Q&A

焦糖无法凝固！

这是水分过多的缘故。加入鲜奶油后，再次加热至120℃，通过加热蒸发掉多余的水分。

法国家庭的味道。趁热吃，很好吃！

法式白桃布丁

Peach Clafouti

1 白桃去皮，切成容易食用的大小，和利口酒、柠檬皮屑一起放入搅拌盆，仔细调拌一番。

2 将杏仁粉和绵白糖另放入一个搅拌盆，快速混合后磕入鸡蛋，再次搅拌混合。

3 加入牛奶和鲜奶油，均匀混合。

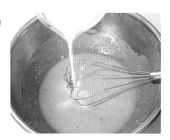

4 在耐热盆上涂一层黄油，将步骤**1**的材料放在里面。

●准备
将烤箱预热至160~170℃。

5 倒入步骤**3**中的布丁液，移至160~170℃的烤箱烘烤20分钟左右。

🍥材料（2个直径13cm、深4cm的耐热盆所需的用量）

馅料
白桃 ···1个
鲜桃利口酒 ······································2大匙
柠檬皮屑 ···································1个的量

布丁液
杏仁粉 ···50g
绵白糖 ···30g
鸡 蛋 ··2个
牛奶 ···100mL
鲜奶油 ·······································100mL

🍥工具

搅拌盆/打蛋器/烤箱/烤盘/宽刃刀/砧板

🍥烤模

直径13cm、深4cm
的耐热盆

变硬的面包也可以很好吃

牛奶面包干

Milk Rusk

所需时间	难易程度
60分钟	★

1 将法式面包片切成厚5mm左右的薄片，放入120℃的烤箱烘烤10~15分钟，注意不要烤出颜色。移至冷却架上干燥。

2 通过隔水加热或放入微波炉加热的方式加热甜炼乳、牛奶和黄油，搅拌混合。

3 将步骤**1**中的面包片浸入步骤**2**的材料中。

4 放到铺有烘焙用纸的烤盘上，移至150℃的烤箱烘烤15~20分钟。逐一翻转面包片，用同样的方法烘烤另一面。

5 完成烘烤后，散去余热。

🌀材料

法式面包片	适量（15~18片）
甜炼乳	50g
牛奶	2大匙
无盐黄油	40g

🌀工具

搅拌盆/橡皮刮刀/宽刃刀/砧板/烘焙用纸/冷却架/叉子/烤箱/烤盘

＊温馨提示＊
刚刚烘烤好的面包片有点潮湿，冷却后就会变得干脆。

Oishi Okashi No Kyokasho
©Kumiko Yanase 2012
Originally published in Japan in 2012 by SHINSEI PUBLISHING
CO.,LTD.,TOKYO,
Chinese (Simplified Character only) translation rights arranged through
TOHAN CORPORATION, TOKYO.

备案号：豫著许可备字-2015-A-00000134

柳瀬久美子

生于日本东京。高中时曾在甜□
屋打零工，因此契机而对甜点□
傅心生向往。在东京市内的西□
厅、西式甜点店工作6年后，□
法国深造。1988~1992年在法□
生活期间，学习家庭料理和西□
甜点制作，并取得法国巴黎丽□
烹饪学院（Ritz Escoffier）的□
业证书。回国后，作为杂志□
告的食品调配师活跃于日本，□
时在自己家里开办料理、甜点□
教室。著书多部。

图书在版编目（CIP）数据

为爱烘焙！蓝带风法式甜点教科书 / （日）柳瀬久美子著；如鱼得水译. —郑州：河
南科学技术出版社，2016.7
ISBN 978-7-5349-8124-1

Ⅰ.①为… Ⅱ.①柳… ②如… Ⅲ.①甜食—制作—法国 Ⅳ.①TS972.134

中国版本图书馆CIP数据核字（2016）第122476号

出版发行：河南科学技术出版社
    地址：郑州市经五路66号 邮编：450002
    电话：（0371）65737028 65788613
    网址：www.hnstp.cn
策划编辑：刘　欣
责任编辑：葛鹏程
责任校对：柯　姣
封面设计：张　伟
责任印制：张艳芳
印　　刷：北京盛通印刷股份有限公司
经　　销：全国新华书店
幅面尺寸：210 mm×260 mm 印张：12 字数：250千字
版　　次：2016年7月第1版 2016年7月第1次印刷
定　　价：68.00元